Heinrich Caro
Reden und Vorträge

Gesammelte Reden und Vorträge von Heinrich Caro

1913
Springer-Verlag Berlin Heidelberg GmbH

ISBN 978-3-662-33581-9   ISBN 978-3-662-33979-4 (eBook)
DOI 10.1007/978-3-662-33979-4

Vorwort.

Zum Andenken an meinen unvergeßlichen Vater habe ich mir erlaubt, eine Auswahl seiner Reden und Vorträge, die zum größten Teil zerstreut in verschiedenen Fachblättern bereits veröffentlicht sind, zu sammeln und zusammengefaßt der Familie, den Verehrern, Freunden und Fachgenossen des teuren Dahingeschiedenen zu widmen.

Mein Vater war von 1868 bis 1889 Direktor der Badischen Anilin- und Soda-Fabrik zu Ludwigshafen a. Rh. und gehörte dieser Gesellschaft bis zu seinem Tode als Aufsichtsratsmitglied an. In dieser Stellung war ihm bei mancherlei Anlässen, bei Ehrungen und Gedenktagen hervorragender Kollegen die Gelegenheit gegeben, an die Öffentlichkeit zu treten.

Zu Alexisbad im Harz im Jahre 1856 war mein Vater einer der jugendlichen Mitbegründer des Vereins Deutscher Ingenieure. Dies gab den Anlaß, ihn für 1892/93 zum Ersten Vorsitzenden zu wählen. 1897 erfolgte seine Ernennung zum Ehrenmitglied dieses Vereins.

1897 bis 1901 ward ihm die Ehre zu Teil, den Verein Deutscher Chemiker zu leiten; von 1901 bis 1902 übernahm er das Amt eines zweiten Vorsitzenden. 1904 ernannte auch dieser Verein ihn zum Ehrenmitglied.

Die Pflicht der Repräsentation als Vorsitzender der beiden Vereine brachte es mit sich, daß er bei den alljährlich stattfindenden Hauptversammlungen Freunden und Fachgenossen den Festgruß darzubieten hatte.

Die vorliegenden, von einander unabhängigen Ansprachen und Vorträge habe ich in chronologischer Reihenfolge geordnet, daß jedoch Wiederholungen im Thema vorkommen, war nicht zu vermeiden.

Mögen sie in Jedem, dem es noch vergönnt war, dem temperamentvollen, feurigen Geiste selbst zu lauschen, die Erinnerung an gemeinsam verlebte Stunden wachrufen; mögen seine Verehrer, Freunde und Kollegen ihm ein freundliches Andenken bewahren!

Bei der Bearbeitung dieser Zusammenstellung durfte ich mich des gütigen Rats und der wertvollen Unterstützung Seiner Exzellenz des Wirkl. Geheimen Rats Professor Dr. C. Engler in Karlsruhe erfreuen, wofür auch an dieser Stelle meinen herzlichen Dank auszusprechen mir Bedürfnis ist.

Mannheim, im Mai 1913

Amalie Caro.

Inhalt.

Reden, gehalten bei Ingenieur-Verfammlungen.

Seite

Tifchrede zur Enthüllungsfeier des Robert Mayer-Denkmals in
Heilbronn 1892 9
Anfprachen bei der Hauptverfammlung des Vereins Deutfcher
Ingenieure in Hannover 1892................ 13
Nachruf für Franz Grashof 1893 24
Anfprachen bei der Hauptverfammlung zu Barmen-Elberfeld
1893 34
Anfprache bei der Hauptverfammlung zu Berlin 1906 44
Gedenkblatt; Erinnerungen aus der Gründungszeit des Mannheimer Bezirks-Vereins Deutfcher Ingenieure 1909 48

Reden und Vorträge,
gehalten bei Chemiker-Verfammlungen.

Das 25 jährige Jubiläum der Wiederkehr Auguft Wilhelm v. Hofmanns nach Deutfchland 1890 59
Adreffe 59
Begrüßungsanfprache beim Feftmahl 64
Erinnerungen an A. W. v. Hofmann und fein Einfluß auf
die technifche Chemie (Vortrag gehalten in der Heidelberger
Chemifchen Gefellfchaft) 1892 66
Tifchrede zum erften Stiftungsfeft der Heidelberger Chemifchen
Gefellfchaft 1891 78
Reden bei der Hauptverfammlung Deutfcher Chemiker zu
Darmftadt 1898 80
Reden bei der Hauptverfammlung in Königshütte in Oberfchlefien 1899 88
Reden bei der Hauptverfammlung in Hannover 1900 97
Begründung der Verleihung der Ehrenmitgliedfchaft an A. v.
Baeyer im Verein Deutfcher Chemiker 1900 106
Dankbrief v. A. v. Baeyer 107
Dankbrief an Sir Henry Roscoe für den Nachruf an Robert
Bunfen 1900 108
Reden bei der Hauptverfammlung in Dresden 1901 110
Anfprache in Leverkufen anläßlich der Hauptverfammlung in
Düffeldorf 1902 116

	Seite
Entwurf zu einer Adresse für die C. Graebe-Feier in Kassel 1903	118
Dankrede v. H. Caro bei seinem 70. Geburtstage 1904	121
Vortrag: Über die Entwicklung der Chemischen Industrie von Mannheim-Ludwigshafen a. Rh. 1904	133
Dankbrief S. Kgl. H. des Großherzogs Friedrich I. von Baden	179
Tischrede auf dem Lloyddampfer „Bremen" anläßlich der Hauptversammlung in Bremen 1905	180
Zum 70. Geburtstag A. v. Baeyers 1905	182
Dankbrief v. A. v. Baeyer	188
Festrede zum 25jährigen Professoren-Jubiläum v. W. Staedel in Darmstadt 1906	189
Zum 50jährigen Jubiläum der Teerfarbenindustrie. Perkin-Feier zu London 1906	206
Aus meinen Erinnerungen. Zur 300jährigen Jubiläumsfeier der Stadt Mannheim 1907	218
Zum Goldenen Doktor-Jubiläum von A. v. Baeyer 1908	225
Dankbrief v. A. v. Baeyer	231

Als Vorsitzender des Vereins Deutscher Ingenieure war H. C. zugegen bei der Enthüllungsfeier des Denkmals von Robert Mayer in Heilbronn (25. 11. 1892). Bei dem Festmahl hielt er folgende Ansprache an den Württembergischen Bezirksverein.

Enthüllungsfeier des Robert Mayer-Denkmals in Heilbronn.

Meine Herren!

Gestatten Sie auch dem Verein Deutscher Ingenieure seinen herzlichen Anteil an dem Ehrentage einer deutschen wissenschaftlichen Forschung zu bekunden. Weit über die altersgrauen Mauern dieser dichtungsumwobenen Neckarstadt, weit über die Grenzen dieses herrlichen, gemütvollen schwäbischen Landes hinaus, nicht nur in den Studierstuben der Gelehrten und in den Hörsälen der Wissenschaft, sondern auch in den Werkstätten der deutschen Industrie findet die heutige Gedenkfeier, finden die Worte, die wir hier über Robert Mayer vernommen, ihren dankbar-freudigen Widerhall! Warf doch die Geistestat des großen Heilbronner Denkers einst auch ihr Licht in die vordem dunkle Empirie!

Von den ältesten Kulturanfängen an wurden die Kräfte der Natur in den Dienst der Menschen gestellt; seitdem — wie die Sage es dichterisch schmückt — Prometheus das himmlische Feuer auf die Erde trug, seit der ersten Erzeugung von Wärme, Licht und chemischer Kräftewirkung durch Reibung, durch menschliche Muskelkraft, hatte man die Umwandlungen ihrer Energieäußerungen beobachtet und für die praktischen Bedürfnisse des Lebens zu verwerten gesucht. Die Tatsachen waren bekannt, aber es fehlte die Erkenntnis ihres inneren Zusammenhangs, es fehlte das Naturgesetz, es fehlte „der ruhende Pol in der Erscheinungen Flucht." Dieser blieb den Fachgelehrten verborgen. Ihn fand der einsam-denkende praktische Arzt. Ihm offenbarte sich alles in dem Lichte einer neuen, einheitlichen Naturanschauung. Nur **eine** Energie belebt das Weltall. Unerschöpflich und unzerstörbar ist ihr Vorrat, an starre Zahlenwerte gebannt der Umtausch ihrer wandelbaren Erscheinungsformen. Wer empfindet hier nicht die Wahrheit der Worte von Justus Liebig: „Unzählige Keime des geistigen Lebens erfüllen den Weltraum, aber nur in einzelnen seltenen Geistern finden sie den Boden zu ihrer Entwicklung, in ihnen wird die Idee, von der niemand weiß, von wo sie stammt, durch die schaffende Tat lebendig." —

Die erste Frucht dieser Tat war die Begründung der heutigen Thermodynamik, die erste Zahl das mechanische Wärmeäquivalent.

Was das chemische Äquivalent schon früher für die Metamorphosen des Stoffes geworden — eine Grundlage für die gesamte chemische Wissenschaft und Praxis —, das wurde diese Äquivalentzahl für die Wandlungen von Wärme und mechanischer Energie. Was vordem Sache des empirischen Versuches, der langjährigen praktischen Erfahrung war, das wurde jetzt der Vorausberechnung und der wissenschaftlichen Kontrolle zugänglich. Auf dieser Bahn gab es kein Halten mehr. Weiter schritt die Bewegung auf die Gebiete der elektrischen und magnetischen, der chemischen und strahlenden Energie.

Nicht kann es meine Aufgabe sein, die industriellen und wirtschaftlichen Folgen einer neuen wissenschaftlichen Naturerkenntnis auch nur an **einem** Beispiele aus der mir näher stehenden Praxis zu erläutern. Weiß doch ein jeder, daß der mächtige Industriefortschritt unserer Zeit die Folge der unausgesetzten Wechselwirkung von Theorie und Praxis ist. Jede neue Erkenntnis bewirkt neuen Fortschritt. Daher das gesteigerte Bedürfnis der Technik nach wissenschaftlicher Vorbildung ihrer geistigen Kräfte und nach bleibender Fühlung mit der Wissenschaft. Daher das Aufblühen unserer naturwissenschaftlichen und technischen Hochschulen, der Aufschwung unserer technischen Zeitschriften und Vereine.

Wie sollte der größte technische Verein Deutschlands, der Verein deutscher Ingenieure, sich nicht dankbar des Einflusses bewußt sein, welchen auch auf seine eigene Entwickelung die bahnbrechenden Forschungen von Robert Mayer ausgeübt haben?

Von jeher war er sich dieser Dankespflicht bewußt. Aber auch hier bedurfte es der schaffenden Tat, und diese ging gleichfalls aus diesem Lande hervor.

Unser hochverdienter Württembergischer Bezirksverein, der zweitgrößte in der Reihe unserer 34 Schwestervereine, tat den ersten opferfreudigen Schritt. Auf seine Anregung beschloß der Gesamtverein, aus eigenen Mitteln ein Standbild Robert Mayers zu errichten. Am 24. November 1889 wurde es in Stuttgart festlich enthüllt. Seinen Platz fand es vor der Technischen Hochschule. Damit legte der Verein zugleich ein Zeugnis von seinen eigenen Bestrebungen ab. In Robert Mayer und in der Deutschen Technischen Hochschule verkörpern sich die idealen Ziele des Vereins, gerichtet auf das innige Zusammenwirken der geistigen Kräfte deutscher Technik zum Wohle der gesamten vaterländischen Industrie. Gehörte der Heilbronner Arzt auch in engerem Sinne des Wortes weder der Wissenschaft noch der Technik an, so besaß er doch in beiden das Ehrenbürgerrecht. Daher fiel bei der Enthüllung seines Stuttgarter Denkmals das treffende Wort: „Mit Stolz dürfen wir Robert Mayer zu den Unsrigen zählen". In unserm Vereine aber wirken Hand in Hand der Praktiker und der Lehrer an der Technischen Hochschule. Dort waltet nicht der Gelehrtenhochmut, der einstmals der Geistestat Robert Mayers die schuldige Anerkennung versagte. — Das Andenken des großen Mannes haben wir heute gefeiert. Gedenken wir nun auch der Pflanzstätte, auf welcher unter der Pflege kundiger Gärtner die Aussaat seines Geistes von Jahr zu Jahr zu neuem, fruchtbringendem Leben emporschießt. Gedenken wir der Deutschen Technischen Hochschulen, welche von Jahr zu Jahr einen frischen Nachwuchs der deutschen Industrie zuführen, Ingenieure, vertraut mit dem Walten der ewigen Naturgesetze, deren erste Erkenntnis uns einstmals Robert Mayer erschloß.

In diesem Kreise weilen die hervorragenden Vertreter der Technischen Hochschule dieses Landes. So lasse ich denn — im Geiste Ihres unsterblichen Landsmannes und im Namen des Vereins Deutscher Ingenieure meine Worte ausklingen in den Ruf: Es wachse, blühe, und gedeihe die Technische Hochschule von Württemberg!

XXXIII. Hauptverſammlung des Vereins Deutſcher Ingenieure in Hannover.

29., 30. und 31. Auguſt 1892. Der Vorſitzende des Vereins Hofrat Dr. H. Caro eröffnet die Verſammlung mit folgender Anſprache:

Hochgeehrte Verſammlung! Im Namen des Vorſtandes des Vereins Deutſcher Ingenieure allen, die zur Teilnahme an der 32. Jahresverſammlung hier erſchienen ſind, den Ehrengäſten, Gäſten und Mitgliedern unſeres Vereins herzlichen Willkommgruß und Dank! Willkommen hier in dieſer mächtig emporſtrebenden, gewerbereichen Stadt Hannover, die ſchon vor 18 Jahren dem Verein eine gaſtliche Stätte der Arbeit, Belehrung und Erholung bot, in welcher wie kaum in einer anderen Stadt des Deutſchen Reiches Vergangenheit und Gegenwart, Induſtrie, Kunſt, Wiſſenſchaft und Natur ſich ihre Hände reichen, um uns die Arbeit genußreich und den Abſchied ſchwer zu machen. Willkommen hier in dieſer altehrwürdigen Ruhmeshalle, von deren herrlich bildgeſchmückter Decke die mittelalterliche Handelsvereinigung der Hanſa heute herabblickt auf eine Vereinigung deutſcher Wiſſenſchaft und deutſchen Gewerbefleißes, erſtrebend das gleiche hohe Ziel: des Reiches Wohlfahrt, Macht und Ehre mit den vollkommeneren Hilfsmitteln unſeres Jahrhunderts, des Eiſens und der Steinkohle, des Dampfes und der Elektrizität und der chemiſchen Kräfte zu mehren. — Dank, herzlichen Dank den werten Vereinsgenoſſen von nah und fern, die freudig unſerem Rufe folgend Haus und Werkſtatt, Schreibtiſch und Zeichenbrett verlaſſen haben, um die in den einzelnen Bezirksvereinen vorgeſchmiedete Geiſtesarbeit hier zu einem ganzen und tüchtigen Werkſtücke zu geſtalten. — Pulſiert auch das Leben des Vereins vornehmlich in ſeiner dem Ingenieurſtande unentbehrlichen Zeitſchrift und in ſeinen 34 über ganz Deutſchland sich erstreckenden Bezirksvereinen, so erlangen die großen, gemeinsamen Fragen doch erst ihre Stellung und Lösung durch die persönliche Aussprache auf der Jahresversammlung. Hier richtet sich die Tätigkeit der vereinten geistigen Kräfte auf die Ermittlung und Förderung der innersten Lebensbedingungen unserer gesamten vaterländischen Industrie. Das ist, wie Sie wissen, der in unseren Satzungen ausgesprochene Vereinszweck. Dank Ihnen, daß Sie zu seiner Verwirklichung sich hier so zahlreich und arbeitsfreudig eingefunden haben! Im Gegensatze zu den, auf einem speziellen Industriegebiete oder in rein wirtschaftlicher Interessenrichtung sich bewegenden Bestrebungen anderer Vereine ist das unverrückbare Ziel unserer Vereinsarbeit die Hebung des gesamten deutschen Gewerbefleißes von innen heraus durch die Entwicklung seiner geistigen und materiellen Hilfsmittel bis zu dem höchsten Grade ihrer nutzbringenden Kraftentfaltung. Beginnend von der frühesten Vorbereitung des Technikers für seinen späteren Beruf begleitet ihn die Fürsorge des Vereins auf seinen Lehr- und Wanderjahren durch Praxis und Wissenschaft, führt ihn auf die Höhe der Zeit, erhält ihn dort durch Wort und Schrift, umgibt mit dem Schutze des Gesetzes seine Tätigkeit auf dem Erfindungsgebiete und in dem Getriebe des geschäftlichen Lebens, hebt sein Standesbewußtsein und erringt ihm die gesellschaftliche Anerkennung. Die gleiche Fürsorge wendet der Verein den gemeinsamen, unbelebten Grundlagen und Hilfsmitteln zu, deren die Industrie bedarf: ihren Materialien und Arbeitsmethoden, Werkzeugen und Motoren. Überall ist das Ziel die Herbeiführung erhöhter Zuverlässigkeit, Einheitlichkeit und Wirksamkeit. Daher bewegt sich die Tätigkeit des Vereins auf den ineinander greifenden Gebietsteilen des technischen Unterrichtswesens, der Ingenieurpraxis und — Wissenschaft und der Gesetzgebung. Erfreuliche Erfolge dieser Tätigkeit, die keinen Zwiespalt der Interessen kennt, sind aufzuweisen. Äußerlich prägen sie sich in dem mächtig fortschreitenden Wachstum des Vereines aus, dessen Mitgliederzahl nach 36 jährigem Bestehen mit der Ziffer von 8100 die aller anderen technischen Vereine des In- und Auslandes übersteigt. Am 25 jährigen

Geburtstage des Vereins wurde sein viertausendstes Mitglied aufgenommen. Im Beginn des Jahres 1874, in welchem der Verein zum erstenmal hier tagte, zählte er wenig über 2500 Mitglieder. Mit dieser progressiv zunehmenden Entwicklung hat nun nachweislich auch der Anteil des Vereins an dem ungeahnt schnellen Aufschwunge der deutschen Industrie Schritt gehalten. Um nur eines zu nennen: die Schaffung des anerkannt wichtigen Faktors in diesem Aufschwunge, des deutschen Patentgesetzes, ist ja geradezu auf die Arbeit des Vereins Deutscher Ingenieure zurückzuführen. Die von ihm geförderte Ausbildung der geistigen und materiellen Hilfsmittel der Industrie hat aber ihren natürlichen Ausdruck in der Verbesserung und Vermehrung der Erzeugnisse gefunden. Durch sorgfältige Ausführung ist die deutsche Arbeit nicht nur im Inlande, sondern auch auf dem Weltmarkte in lohnend erfolgreichen Wettbewerb mit der des Auslandes getreten: denn „sorgfältige Ausführung einer Arbeit" ist mit den Worten eines hervorragenden englischen Kenners der Industrie „die erste Aufgabe des Fabrikanten, deren glückliche Lösung den kommerziellen Gewinn als eine notwendige Folge mit sich bringt." — So können wir denn mit der Zuversicht ferneren Erfolges in der bewährten Richtung weiter schreiten, gleichzeitig Fühlung haltend mit den Forderungen der Zeit. Auch diese Versammlung stellt uns neue Aufgaben. Doch ehe wir einen Blick auf diese werfen, lassen Sie die Dankbarkeit unsere erste Pflicht sein. Bringen wir vor allem unseren ehrerbietigen Gruß den Ehrengästen dar, deren Gegenwart unserer Versammlung die Festesweihe verleiht. Wie in den Vorjahren war es uns Bedürfnis die Schirmherren, Freunde und Förderer unserer Bestrebungen, unsere Vor- und Mitarbeiter auf dem Felde der vaterländischen Industrie, zur Teilnahme an unseren Verhandlungen und Zusammenkünften aufzufordern; es drängte uns, wie in einem Brennpunkte die zahlreichen Beziehungen zu sammeln, in welche unser Vereinsleben andauernd tritt. — Vor der hohen Regierung des Landes, in welchem der uns einladende Bezirksverein seinen Sitz hat, vor den hohen Behörden der Stadt, die uns gastlich ihre Tore öffnet, vor den hervorragenden Vertretern des Länder und Meere beherrschenden Verkehrswesens, vor dem den Austausch von Rohprodukt und Fabrikat vermittelnden Handel, vor den Lehrern, die uns mit geistigen Waffen rüsten, vor allen diesen, ein gleiches Ziel mit uns, wenn auch auf anderen Wegen erstrebenden Hütern der vaterländischen Industrien drängt es uns, Rechenschaft von unseren Arbeiten abzulegen, ihren gütigen Rat zu vernehmen und ihnen Dank für das unserem Hannoverschen Bezirksvereine jederzeit erwiesene Wohlwollen zu sagen. — Unserer Aufforderung ist in gütigster Weise entsprochen worden. So haben wir denn die hohe Ehre, heute in unserer Mitte zu sehen: Se. Exz. den Oberpräsidenten der Provinz Hannover Herrn von Bennigsen, den Stadtdirektor von Hannover Herrn Tramm, den Bürgervorsteher-Wortführer Herrn Justizrat Bojunga, den Rektor der Technischen Hochschule Herrn Prof. Dr. Kohlrausch und den stellvertretenden Vorsitzenden des Architekten- und Ingenieurvereins Herrn Prof. Barkhausen. Ich bitte Sie, meine verehrten Vereinsgenossen, zum Zeichen der herzlichen Begrüßung unserer Ehrengäste und zum Ausdruck des Dankes für ihr Erscheinen sich von Ihren Plätzen zu erheben. — Noch weitere Pflichten warten unser. Werfen wir einen Rückblick auf das seit der letzten Hauptversammlung vergangene Jahr, so tritt uns außer dem erfreulichen Mitgliederwachstum zunächst ein Ereignis entgegen, welches einen Markstein in dem Leben des Vereins bedeutet. Es ist dies sein durch Allerhöchsten Erlaß Sr. M. des Königs von Preußen vom 12. Dezember 1891 erfolgter Eintritt in die Rechte einer juristischen Person. Mit dieser Erlangung der Korporationsrechte ist unser Verein gewissermaßen mündig gesprochen worden. Hoffen und wünschen wir, daß ihm seine neue Würde zum Heile gereichen möge! Damit haben aber auch langjährige Vereinsarbeiten ihren Abschluß erreicht, welche von der Opferwilligkeit der daran Beteiligten beredtes Zeugnis ablegen.

Ein neues Vereinsstatut mußte geschaffen werden. Der gegenwärtige Vorstand fand die Arbeit, welche insbesonders mit dem Namen Grashof, Blecher und Lwowski dauernd verwebt ist, fertig vor, und heute tagen wir unter dem Dache des neuen, von der Obrigkeit gutgeheißenen Baues. Hoffen wir, daß er auf lange Jahre hinaus sich bewähren und zu keinen Umbaugelüsten Veranlassung geben möge, damit die Vereinstätigkeit nicht von ihren höheren Zielen abgelenkt werde! Möge in ihm wie bisher zu allen Zeiten der Geist der Eintracht weilen, der unseren Verein groß gemacht hat! In diesem wohl beratenen und gefügten Bau ist aber ein leerer Platz, dessen Anblick uns mit Wehmut erfüllt. Dieser Platz ist für ein ständiges Mitglied des Vorstandes, für einen Kurator bestimmt, der die Kontinuität in der Vereinsführung wahren soll: eine weise und notwendige Fürsorge. Wer anders könnte aber den Platz einnehmen als Grashof selbst, der 34 Jahre hindurch dem Vereine ein Führer und Vater war, ja mehr noch, dem der Verein seine Existenz verdankt? Denn, als an jenem 12. Mai 1856 in den Bergen des nahen Harzes 23 begeisterte aber weltunerfahrene Jünglinge, getrieben von dem dunklen idealen Drange nach einem Alldeutschland umfassenden Bunde, den Verein Deutscher Ingenieure jubelnd gründeten, da war es Grashof, welcher das Kind auf seine Arme nahm und vier Jahre lang mit seinem Herzblute nährte, bis durch die aus seiner Feder stammenden Originalartikel die von ihm gegründete und redigierte Zeitschrift und damit der von ihm geleitete Verein selbst zu einer Notwendigkeit für den Ingenieurstand geworden war. Und unablässig weiter trug dieser große und gute Mann die Last der Arbeit und verpflanzte in den Verein die eigne edle Denk- und Handlungsweise, bis ihn die tief erschütterte Gesundheit zwang, bei dem Richtfest unseres neuen Baues auf der 31. Hauptversammlung das Amt des Vereinsdirektors niederzulegen. Wenn man sich fragt, warum unser Verein zu dem ward, was er heute ist, so muß man, wie bei jedem Erfolge menschlichen Zusammenwirkens, nicht nur nach den zeitlichen und sachlichen, sondern viel mehr noch nach den persönlichen Ursachen forschen! Man wird finden — uns lehrt es namentlich die Geschichte der industriellen Erfolge und Niedergänge —, daß keine noch so vollendete Organisation, daß nicht das Walten glücklicher Zeitumstände ohne die Triebkraft einer wahrhaft großen Individualität den Erfolg erringen und dauernd behaupten konnte. In unserem Verein lebt unser Grashof, in ihm ist sein eigenstes Innere aufgegangen, ihm hat er den Stempel seines eigenen Geistes und Charakters aufgedrückt. Mögen sich diese Züge niemals verwischen und deshalb lassen Sie uns von Versammlung zu Versammlung bis in die fernsten Zeiten hinaus die dankbare Erinnerung an Franz Grashof frisch erhalten. Hoffen wir noch immer, daß es ihm vergönnt sein möge, den leeren, seiner wartenden Sessel des Kurators einzunehmen. Aber so lange er fern von uns weilt, — seine Gedanken und Wünsche begleiten auch diese Versammlung — möge ihm niemals der Gruß und der Dank seines treuen Vereinskindes fehlen. In diesem Sinne, meine verehrten Vereinsgenossen, wird bei Beginn der Sitzung der Vorstand und Vorstandsrat die Absendung eines Telegramms an Herrn Geh. Rat Prof. Dr. Grashof in Vorschlag bringen. Gehen wir wieder zur Gründung des Vereins zurück! Mit frischem Jugendmut ist das Wagnis geschehen, der Verein konstituiert, der erste Vorstand gewählt. Das Gründungsprotokoll verzeichnet als Vorstandsmitglied außer Grashof den zu unserer Freude heute unter uns mit unentwegter Hingabe an das Werk seiner Jugend wirkenden Josef Pützer. Der erste Vorsitzende ist Euler, der uns im vorigen Jahr schmerzlich entrissene Hüttenvater, dann der unvergeßliche Richard Peters, der wahre geistige Urheber des Vereinsgedankens, schließlich Kankelwitz und Braunschweig. Heute betrauern wir auch den Heimgang dieser beiden Gründer unseres Vereins, beide sind kurz hintereinander abberufen worden. Heinrich Braunschweig starb als Zimmermeister in Insterburg im November v. J., 63 Jahre alt, nachdem er dort während einer langen Reihe von Jahren mit seinem Studienfreunde vom Berliner Gewerbeinstitut, dem Mitbegründer unseres Vereins, dem kernigen Eduard Gutmann, unserem ersten Schriftführer, ein Maurer- und Zimmergeschäft betrieben hatte. In beiden Freunden lebte der Idealismus der Jugend fort. Gemeinsam trugen sie insbesondere zu der geistigen und materiellen Hebung von Insterburg durch die Gründung gemeinnütziger, noch heute bestehender Vereine bei. — Professor Wilhelm von Kankelwitz, bekannt durch seine praktische und literarische Tätigkeit als Zivilingenieur und zugleich als Dozent der Technischen Hochschule in Stuttgart wurde nach einem langen, durch rastlose Überarbeit herbeigeführten Leiden im Februar d. J., 60 Jahre alt, aus diesem Leben abberufen. Kankelwitz war eine groß angelegte, von wissenschaftlichem Drange erfüllte und mit außerordentlicher Arbeitskraft ausgestattete Natur. Ein Mecklenburger von Geburt, führte ihn sein Studiengang von der Realschule in die Schlosserwerkstatt und dann durch das Gewerbeinstitut in die Konstruktionsbureaus von Schwarzkopp und Hoppe bis er 1858 als Lehrer an die höhere und Werkmeisterschule zu Chemnitz berufen wurde. Dort erwarb er sich zugleich eine umfassende Praxis als Zivilingenieur, welche er auch von Stuttgart aus weiter ausübte, als er 1858 dorthin einem Rufe als Professor der Maschinenkunde an der Technischen Hochschule gefolgt war. Seine dortigen hervorragenden Verdienste um Praxis und Wissenschaft sind durch die Verleihung des persönlichen Adels ausgezeichnet worden. — Braunschweig und Kankelwitz werden so wenig wie Euler und Richard Peters von denen, die mit ihnen den Grundstein zu unserem Vereine gelegt haben, jemals vergessen werden. Aber auch die gegenwärtige und spätere Generation des Vereins Deutscher Ingenieure möge sich ihrer dankbar erinnern. Ehren Sie, meine Herren, durch Aufstehen von Ihren Sitzen das Andenken der dahingeschiedenen Gründer und ersten Vorstandsmitglieder des Vereins: Heinrich Braunschweig und Wilhelm von Kankelwitz.

Wenden wir uns nun dem frisch quellenden Vereinsleben zu. Einen erfreulichen Zuwachs hat unser Verein im vorigen Jahre durch die Bildung von zwei neuen Bezirksvereinen, dem Fränkisch-Oberpfälzischen und dem Westpreußischen erfahren. Auf dieser Versammlung beteiligen sie sich zum erstenmal an den Arbeiten des Gesamtvereins. Gestatten Sie mir, unseren neuen Mitarbeitern im Namen des Vereins den herzlichsten kollegialischen Gruß zuzurufen! Mögen Sie in regem Wetteifer und in brüderlicher Eintracht mit den älteren Bezirksvereinen werktätige Glieder in der Kette unseres Vereins werden! Mit Freude reichen wir ihnen unsere Hände dar. Die Aufgaben, in deren Lösung wir nun gemeinsam eintreten werden, sind, dank der erledigten Arbeiten der Vorjahre, nicht so zahlreich, daß wir nicht bei dieser Versammlung den Schwerpunkt in die von berufenster Seite uns gebotenen allgemeinen Vorträge verlegen könnten. Große, zeitbewegende Fragen werden uns hier von ihren besten Bearbeitern vorgeführt werden und die Belehrung wird sich zum Genusse gestalten. Möge sich an die Vorträge ein zwangloser Meinungsaustausch knüpfen, zu dem ein Jeder aus dem reichen Schatze seiner Erfahrungen das Seinige beiträgt. Die Beratungsgegenstände haben unsere Bezirksvereine bereits ausgiebig beschäftigt. Hier sei nur auf die hohe Bedeutung hingewiesen, welche das große Ereignis des nächsten Jahres, die Weltausstellung in Chicago für die Entwicklung des Ingenieurwesens beansprucht. Diese Bedeutung wird allseitig gefühlt und ein internationaler Ingenieurkongreß wird in Chicago zusammentreten, zu welchem auch unser Verein geladen ist. Aber darüber hinaus wird dieser alle bisherigen Grenzen übersteigende Wettbewerb der Nationen zugleich Bildungsmittel, Prüfstein der eigenen Leistungen und Kampfplatz um fernere Absatzgebiete der deutschen Industrie sein. Der Verein Deutscher Ingenieure wird besonders diesen Fragen gegenüber seinen Vereinszweck im Auge behalten und Zweck und Mittel in Einklang bringen müssen. So gehen wir also frisch an das Werk. Schon diese Umgebung muß unsere Beschlüsse fördern. Wie gewichtige Fragen sind hier zur glücklichsten Lösung gebracht worden! Über dem Eingange dieses Saales grüßte uns der Spruch:

„Die Ratsherren sollen alles wohlweise bedenken,
Ehe denn sie's beschließen und endgültig lenken."
Dies sei auch unser Spruch.

Dann wird diese Versammlung in allem das Richtige treffen, und segensreich wird ihr Ergebnis sein. Daß dem so sein möge, ist der herzlichste Wunsch des Vorstandes und mit diesem Wunsche erkläre ich die 33. Hauptversammlung für eröffnet.

Veröffentlicht in der Zeitschrift des Vereins Deutscher Ingenieure, 1892.

Kaifertoaft bei dem Feftmahle des Vereins Deutfcher Ingenieure in Hannover.

30. Auguft 1892.

Hochgeehrte Feftverfammlung! Meine Damen und Herren!

Auch in dem feftlich heiteren Glanze diefer Verfammlung ift es die ehrenvolle Pflicht des Vorfitzenden die hier erfchienenen Ehrengäfte, Gäfte und Mitglieder des Vereins Deutfcher Ingenieure herzlichft zu begrüßen! In diefem modernen Prachtbau des Hannoverfchen Arbeitervereins, unter den Blicken unferer holden Damenwelt, beim Klange der Gläfer und der Sangesweifen vollzieht fich ein nicht minder ernftes Vereinswerk als in dem feierlichen Halbdunkel unferer altehrwürdigen Beratungshalle.

Durchwandert man in unferen Satzungen die ernft dreinblickenden Reihen der Aufgaben einer Hauptverfammlung, fo gelangt man fchließlich auf einen freien, fonnigen Ausfichtspunkt. Dort fteht eine Tafel mit der Infchrift: „Geweiht den gefelligen Unterhaltungen zur perfönlichen Annäherung der Mitglieder."

Die forgfame Hand des Gaftfreundes hat den Platz geebnet und gefchmückt. Dort treffen wir unfere Berufsgenoffen, Männer der harten Arbeit; mit vollen Zügen genießen fie die wohlverdiente Erholung. An ihrer Seite: die Frauen und Töchter, die ihnen die tägliche Sorge von der Stirne glätten und nun auch die Freude mit ihnen teilen wollen. Alte Studienfreunde finden fich, neue Freundfchaft wird geknüpft, man taufcht Gedanken aus und Pläne und fefter fügt fich das Vereinsband.

Gern weilen wir auf diefer freundlichen Stätte. Dort finden wir neue Kraft für neues Werk. Froh kreift der Becher in der Runde der Genoffen.

Von der hohen Warte blicken wir hinab auf die weiten, betriebsamen Lande. Wohin der Blick schweift, blühendes Leben und Wachstum, Segen der friedlichen Arbeit. Das ist das Land unserer Jugendträume, du herrliches wiedererstandenes Deutsches Reich! Als wir in den Bergen des Harzes, in der Zeit deiner tiefsten Schmach und Zerrissenheit uns einen deutschen Verein zu nennen wagten, da träumte dein Kaiser noch in der Tiefe des Kyffhäuser. Für dich haben wir sein Felsengrab gesprengt; aus deutschem Erz, mit deutscher Kohle, im Feuer der deutschen Technik und Wissenschaft die Waffe geschmiedet, die uns deine Einheit erzwang. Wie mächtig erscholl von neuem der Ruf: Für Kaiser und Reich! Gegrüßt seiest du, geliebtes deutsches Land! Für deinen Frieden, für deine Größe wacht Tag und Nacht der deutsche Ingenieur; Mechanik und Chemie im Bunde rüsten zu deinem Schilde, du Heldenjungfrau Germania, ein furchtbar dräuendes Gorgonenhaupt, dessen versteinernder Anblick deine Feinde vor dem Friedensbruche schreckt. Für den Schmuck deines reichen Festgewandes, zur Mehrung deiner Schatzkammer flammen unsere Hochöfen und Essen, hämmert und streckt, spinnt und webt, trennt und vereint der deutsche Gewerbfleiß und wandelt den Vorrat der Natur in die durch Arbeit veredelte Ware des Handels. Deutsche Schiffe, erbaut aus deutschem Eisen auf deutscher Werft, tragen sie unter deiner Flagge über alle Meere hinaus.

Sei gegrüßt unser herrliches deutsches Reich! Für dich unser ganzes Sinnen und Trachten, für dich, wenn unser Kaiser ruft, das Blut von uns und unseren Söhnen!

Da steigt ein hehres Bild vor unserem Blicke auf. — In dunkler, stiller Nacht, einsam auf hoher See nur Gottes Sternenhimmel über sich, wacht unser jugendlicher Kaiser auf der Kommandobrücke eines deutschen Schiffes: Er denkt an das schwere, ihm von seinen glorreichen Ahnen so früh auferlegte Werk. Er denkt an die Erhaltung des Friedens, an die Mehrung der Wohlfahrt seines Reiches, hält Einkehr in sich selbst und legt sich Rechenschaft ab über das, was er erstrebt und was er geleistet hat. Ernst ist sein Blick, dann aber leuchtet es hell darin auf: — so, voller Zuversicht und Gottvertrauen und mit festem Griffe faßt die Hand das Steuer.

Das Bild ist vorüber. Der Strahl des kaiserlichen Blickes ist uns aber tief und bleibend in das Herz gedrungen! Wir lasen darin das gläubige Vertrauen des Hohenzollern, daß auf ernster Arbeit und bis in den Tod getreuer Pflichterfüllung der unausbleibliche Segen Gottes ruht.

Wir lasen darin auch die unerschütterliche Überzeugung, daß der fest auf ein hohes Ziel gerichtete Wille aus Dunkel zum Licht, aus Zweifel zum Erfolge führen muß. Aus diesem Blicke leuchtet das beglückende Bewußtsein der Gegenseitigkeit der Liebe und des Vertrauens, welches den treuen Fürsten mit seinem treuen Volke, den ersten mit dem letzten Arbeiter in dem Staate verbindet.

Aus voller Seele drängt sich der Wunsch auf unsere Lippen: Gott schütze und erhalte unseren teuren Kaiser und lasse sein Friedenswerk gesegnet sein! Und unseren Freunden rufen wir zu:

Freunde! Arbeitsgenossen! Ergreifet die Gläser und weithallend durch die deutschen Lande ertöne von dieser hohen Warte aus der Jubelruf des deutschen Ingenieurs:

„Seine Majestät, der Kaiser von Deutschland und König von Preußen, Wilhelm II., der erhabene Schirmherr des Friedens, der Hort des deutschen Gewerbefleißes, der erste und treueste Arbeiter im Reiche, Er lebe hoch!"

Nachruf für Franz Grashof.

Erschienen in der Zeitschrift des Vereins Deutscher Ingenieure, 2. 12. 1893, unterzeichnet von H. Caro, Th. Peters und O. Taaks.

Was wir seit Monaten gefürchtet, was wir in banger Sorge unabwendbar kommen sahen und doch so gern immer wieder hinausgeschoben hofften, es ist nun zum schmerzlichen Ereignis geworden. Franz Grashof ist für immer von uns geschieden. Wir sind des Mannes beraubt, der ein Menschenalter hindurch an der Spitze unseres Vereins stand und seine Schritte mit sicherer Hand leitete. In Grashof war lange Jahre hindurch der Verein Deutscher Ingenieure geradezu verkörpert, so innig war er mit dem Verein verwachsen, so unbestritten war sein Einfluß auf das Leben des Vereins.

Franz Grashof wurde am 11. Juli 1826 geboren als zweiter Sohn des Oberlehrers, nachmaligen Professors Carl Grashof zu Düsseldorf. Er besuchte in seiner Vaterstadt das Gymnasium und die Realschule, sodann die Gewerbeschule zu Hagen und trat Oktober 1844 als Zögling in das Kgl. Gewerbe-Institut zu Berlin ein, wo er vorwiegend Mathematik, Physik und Maschinenbau studierte. 1847/48 diente er als Einjährig-Freiwilliger bei der 7. Jäger-Abteilung zu Düsseldorf. Die politischen Ereignisse jener Jahre ließen ihn den Entschluß fallen, Seeoffizier zu werden, und so trat er Februar 1849 als Volontär auf einem Hamburger Kauffahrteischiff ein, um sich die nötigen nautischen Kenntnisse zu erwerben. Obgleich er bald einsah, daß ihn die vorwiegend körperliche Tätigkeit auf die Dauer nicht befriedigen konnte, mußte er doch in dieser Stellung fast drei Jahre ausharren, bis das Schiff seine Fahrt beendigt hatte. Weihnachten 1851 in die Heimat zurückgekehrt, begab er sich wieder nach Berlin und betrieb mit doppeltem Fleiß, um das Versäumte nachzuholen, seine Studien. April 1854 unterzog er sich der Staatsprüfung für Lehrer an den Provinzialgewerbeschulen, auf Grund deren ihm die unbedingte Befähigung als Lehrer der Mathematik, Mechanik, Maschinenbaukunde und Physik zugesprochen wurde. Am 1. Oktober 1854 wurde ihm in richtiger Erkenntnis seiner Bedeutung eine Lehrstelle für Mathematik und Mechanik am Kgl. Gewerbeinstitut zu Berlin übertragen. Daneben führte er seit dem 1. Januar 1855 die Direktion des Kgl. Eichungsamtes. Am 28. Dezember 1854 vermählte er sich mit Henriette geborene Nottebohn, aus welcher Ehe drei Kinder hervorgingen. Im Herbst 1863 folgte er dem Rufe der Großherzoglich badischen Regierung an die Maschinenbauschule des Polytechnikums zu Karlsruhe als Nachfolger Redtenbachers und gehörte dem Lehrkörper dieser Hochschule bis zu seinem Lebensende an. Neben seinem Lehrberuf und im Zusammenhange mit diesem, entwickelte Grashof eine hervorragende literarische Tätigkeit. Von seinem Landesherrn 1879 zum Mitglied der ersten Kammer ernannt, nahm er während acht Jahre an deren Verhandlungen teil. Als Mitglied der Normal-Eichungskommission (seit 7. April 1882) und des Kuratoriums der Physikalisch-Technischen Reichsanstalt (seit 29. Juli 1887) war er auch im Dienst des Reiches tätig.

Dieser umfassenden amtlichen Tätigkeit hat es auch an äußerer Anerkennung nicht gefehlt. Die Universität Rostock verlieh ihm 1860 den Doktortitel honoris causa. Fünfmal 1867/68 — 1868/69, 1872/73 — 1882/83, 1885/86 führte er die Direktion der Technischen Hochschule zu Karlsruhe. 1868 erhielt er einen Ruf nach Aachen. Zweimal suchte ihn die Technische Hochschule in München zu gewinnen. Der Großherzog von Baden verlieh ihm 1866 den Charakter als Hofrat, 1874 als Geh. Hofrat, 1877 als Geheimrat II. Klasse, außerdem 1867 das Ritterkreuz I. Klasse, 1885 das Kommandeurkreuz II. Klasse vom Zähringer Löwenorden. Der Kaiser zeichnete ihn Dezember 1892 anläßlich seines Rücktrittes aus dem Reichsdienst durch Verleihung des Kronenordens II. Klasse mit dem Stern aus.

Zahlreiche wissenschaftliche Vereine zählten ihn als ihr Mitglied und Ehrenmitglied. Nicht weniger Anerkennung fand er in der Verehrung und Liebe, die ihm seine Kollegen und Schüler bis zu seiner letzten Stunde entgegenbrachten. Am 28. Dezember 1882 wurde Grashof von einem Schlaganfall betroffen, so daß er seine Tätigkeit auf längere Zeit ganz einstellen mußte. Zwar erholte er sich wieder so weit, daß er noch für mehrere Jahre sein Lehramt und seine sonstigen Arbeiten wieder aufnehmen konnte, aber doch nicht mehr in dem Maße wie bisher, und dies Bewußtsein hat ihn in seinen letzten Lebensjahren mehr bedrückt als die körperlichen Schmerzen. Vor zwei Jahren verschlimmerte sich sein Zustand so, daß er abermals seine Tätigkeit einstellen mußte. Die Hoffnung, von neuem zur Arbeit zurückkehren zu können, hatte er nie ganz aufgegeben, bis ihn am Donnerstag den 26. Oktober 1893 der Tod von seinem Leid erlöste. Er hinterläßt eine Witwe und zwei erwachsene Kinder, nachdem ihm eine Tochter im Tod vorangegangen. Den Seinen allzeit ein liebender Gatte, Vater und Bruder, seinen Schülern ein pflichttreuer Lehrer, seinen Kollegen ein treuer Freund, von allen, die mit ihm verkehrten, geehrt und geliebt, konnte er zurückblicken auf ein reiches Leben, dem es nicht an Mühe und Arbeit, aber auch nicht an Glück und Segen gefehlt hat. Um die wissenschaftliche Bedeutung Grashofs zu würdigen, genügt es nicht, auf seine größeren Werke einzugehen, die ja allen deutschen Ingenieuren bekannt sind; es ist hierzu vielmehr notwendig, die Anfänge dieser Werke selbst aufzusuchen.

Es war eine überaus schwere Aufgabe, die der Entschlafene in seinen jungen Jahren als Direktor des neugegründeten Vereins Deutscher Ingenieure neben seiner wissenschaftlichen und seiner amtlichen Tätigkeit übernahm. Jetzt, nachdem die Entwicklung unseres Vereins alle die Hoffnungen erfüllt, die seine Gründer in ihn setzten, nachdem er seine Lebensfähigkeit in tausend Fällen bewiesen hat und zielbewußt in stetigem Gedeihen kräftig zum Wohle der deutschen Technik wirkt, jetzt, wo jeder das alles als selbstverständlich ansieht, kann man sich kaum einen Begriff davon machen, welche Ausdauer und Anstrengung, welche Umsicht dazu gehörten, aus einem Nichts eine wissenschaftliche Zeitschrift entstehen zu lassen, deren Bedeutung mit jedem folgenden Jahrgang wuchs. Der wissenschaftliche Charakter unserer Zeitschrift ist ihr durch die Arbeiten Grashofs und durch seine Tätigkeit als Redakteur von Anfang an verliehen. Seine eigenen Arbeiten wurden gewissermaßen die Muster für andere. Mit nicht weniger als sieben eigenen Aufsätzen ist er im ersten Jahrgang der Zeitschrift vertreten und die folgenden Jahrgänge weisen keine Abnahme seiner Leistungen auf. — Teils waren es eigene selbst gestellte Aufgaben, deren Lösung er gab, teils die kritische Besprechung der Aufsätze oder Werke anderer Forscher. Seinen Besprechungen lag ein lehrhafter Zweck zugrunde; er wollte seinen Lesern nicht so sehr zeigen, wie gut oder wie mangelhaft ein anderer gearbeitet hatte, sondern vielmehr, welchen Fortschritt die neue Arbeit bedeute und wie sie für die Weiterbildung der Wissenschaft und deren praktische Anwendung benutzt werden könne. Sein umfassendes, in die Tiefe gehendes Wissen, seine vollkommene Klarheit und sein gerechtes Urteil befähigten ihn in hervorragendem Maße zum Kritiker. Es war ihm nicht darum zu tun, die Fehler anderer bloßzulegen, sondern er suchte wie ein gewissenhafter Arzt die Fehler zu erkennen und zu heilen. So wurde Grashof nicht nur ein Lehrer der Lernenden, sondern auch der Lehrenden. Seine zahlreichen, wissenschaftlichen, meisterhaft geschriebenen Abhandlungen umfassen nahezu das ganze theoretische Lehrgebiet des Maschinen-Ingenieurwesens und werden immer wieder und wieder von allen denen studiert werden, welche veranlaßt sind, schwierige Probleme auf dem Wege der mathematischen Untersuchungen zu verfolgen. Es kann nicht der Zweck dieses kurzen Nachrufs sein, übersichtlich oder auch nur annähernd erschöpfend die gewaltige Geistesarbeit, die Grashof in gleichmäßig sich treu bleibender Schaffensfreudigkeit hervorbrachte, hier aufzuzählen, oder aus dem Inhalte seiner Arbeiten das eine oder andere herauszugreifen, um daran die Schärfe seiner Auffassungsgabe, die Methode seiner

Lehrweife, das Zwingende feiner Schlußfolgerungen zu zeigen. Er verftand es nicht nur, auf dem viel durchforfchten Gebiete der reinen Mathematik und der Mechanik methodifch und erfolgreich das Bekannte frifch zu verarbeiten, zu vertiefen und zu erweitern, fondern gerade die Behandlung von neuen phyfikalifch technifchen Problemen, die ja mit der fteigenden Entwicklung des Ingenieurwefens fortwährend auftauchten und nach Löfung verlangten, war es, was feinem fcharfen Geifte noch mehr entfprach. Trat irgendwo ein folches Problem auf, fo war Grashof jedenfalls einer der erften, die es wiffenfchaftlich behandelten und dem Praktiker die Schlußfolgerungen ihrer Forfchung zur Verfügung ftellten. — Aus folchen Arbeiten entfprangen dann feine größeren Werke: feine „Theoretifche Mafchinenlehre", feine „Theorie der Elaftizität und Feftigkeit", feine „Refultate der mechanifchen Wärmetheorie". Grashofs Lehrweife war durchaus akademifch, ftreng wiffenfchaftlich und durch feltene Schärfe in der Entwicklung feiner Vorausfetjungen und Folgerungen ausgezeichnet. Sein Vortrag war ruhig, klar und beftimmt und fo forgfältig vorbereitet, daß man jeden Satj unverändert hätte drucken laffen können. Das Maß des Erkenntnisvermögens und der Verftandesfchärfe, welches er bei feinen fein durchdachten, vom Allgemeinen ausgehenden Schlüffen vorausfetjte, war naturgemäß groß und ging nicht felten über das durchfchnittliche Faffungsvermögen feiner Zuhörer hinaus; aber um fo weiter konnte er auch die Befähigten führen. In feinen für die Vereinsfchrift beftimmten Arbeiten trat er dem großen Kreis unferer Berufsgenoffen in der Praxis näher und baute feine Entwicklungen auf denjenigen Grundlagen auf, die er als wiffenfchaftliches Gemeingut vorausfetjen durfte. Hier hat er auf weite Schichten des Ingenieurftandes eingewirkt und einen hervorragenden Einfluß auf das geiftige Leben im Verein ausgeübt. Er gab der Quelle die Richtung, welche fie durch reichliche Zuflüffe von allen Seiten zum mächtigen Strome anwachfen ließ. Die Beziehungen Grashofs zu unferm Verein find fo alt wie diefer felbft; denn als einer feiner bedeutendften Paten hat Grashof an des Vereins Wiege geftanden, als er am 12. Mai 1856 in Alexisbad gegründet wurde. „Grashof ist für uns gewonnen!" lautete die frohe Botschaft, die man Euler entgegenrief, als er nach Alexisbad kam, um an der Gründung des Vereins teilzunehmen, dessen erster Vorsitzender er wurde.

Grashof übernahm mit dem Amte des Direktors die ganze Geschäftsführung des Vereins und die Redaktion seiner Zeitschrift; aber nicht wie schon erwähnt einer bereits bestehenden, in ihren Mitarbeitern und ihrem Absatz gesicherten, sondern einer gänzlich erst neu zu schaffenden, mit den knappsten Mitteln ausgerüsteten Zeitschrift. Mit welchen Sorgen er anfangs zu kämpfen, welche Schwierigkeiten er zu überwinden hatte, deren er nur durch unermüdliche Hingabe und frohe Zuversicht Herr zu werden vermochte, das hat uns Grashof in späteren Jahren wohl einmal erzählt: wie er, um den wartenden Boten der Druckerei zu befriedigen, oft selbst zur Feder greifen mußte, wenn die Beiträge der Freunde ausblieben oder nicht ausreichten, wie er Schriftsteller, Zeichner, Redakteur und Kassierer in einer Person war, weil die Mittel des Vereins ihm noch keine Hilfskraft gestatteten. Und mit welchem Erfolge hat er seines Amtes gewaltet! Man muß die ersten, von ihm erstatteten Jahresberichte unseres Vereins lesen, besonders den über die ersten zehn Jahre, erstattet auf der IX. Hauptversammlung in Alexisbad 1867, um sich der großen Erfolge seiner hingebenden Tätigkeit bewußt zu werden. Deshalb konnte auch auf derselben Hauptversammlung namens des Aachener Bezirksvereins sein Freund Pützer beim Abschluß der ersten zehnjährigen Lebensperiode des Vereins Deutscher Ingenieure im Hinblick auf die mächtige Entfaltung des Vereins in diesem Dezennium dem Manne, dessen umsichtiger, aufopfernder Tätigkeit die erfreuliche Entwicklung vorzugsweise zu verdanken ist, dem Herrn Direktor Grashof, volle Anerkennung und tiefen Dank aussprechen und die Hauptversammlung sich unter jubelndem Beifall „in voller Anerkennung der bewährten großen Leistungen des langjährigen Direktors dem Danke, welchen der Aachener Bezirksverein dem deutschen Manne und Gelehrten dargeboten hat, nach feinem ganzen Inhalte aus voller Überzeugung anschließen." — Die Redaktion der Zeitung legte Grashof nieder, als er im Herbſt 1863 dem Rufe nach Karlsruhe folgte; im übrigen hat er die Vereinsgeſchäfte bis 1890 geleitet, wo zunehmende Kränklichkeit ihn zwang, ſeine nach außen gerichtete Tätigkeit einzuſchränken. — Eine ganz beſondere Gelegenheit, Grashof den Dank und die Verehrung des Vereins kundzutun, bot die Feier ſeiner 25 jährigen Tätigkeit als Vereinsdirektor bei der 22. Hauptverſammlung in Stuttgart 1881. — Hier überreichte F. Euler, nach 25 Jahren wieder Vorſitzender des Vereins, ein aus Einzelbeiträgen der Mitglieder geſtiftetes Ehrengeſchenk, ein Schreibzeug in hoher künſtleriſcher Ausführung und die Worte, die er dabei an Grashof richtete, kennzeichnen heute wie damals auf das trefflichſte, was Grashof uns war, was wir ihm zu danken hatten. Er ſagte:

„Hochgeehrter Herr Direktor!

Das Jahr 1881 ſchließt das erſte mit dem Jahre 1856 begonnene Vierteljahrhundert in dem Leben des Vereins Deutſcher Ingenieure ab. Am 12. Mai des letzterwähnten Jahres wurde unter Ihrer Mitwirkung dieſer Verein zu Alexisbad im Harze von 23, meiſt jungen Ingenieuren bei Gelegenheit des zehnjährigen Stiftungsfeſtes der „Hütte" und auf der Baſis eines von der „Hütte" ausgearbeiteten Statutenentwurfs gegründet. Es ſollte damit ein Band um Deutſchlands Ingenieure geſchlungen werden zur Förderung nationalen Strebens, wiſſenſchaftlicher Entwicklung, freundſchaftlicher Annäherung, zum Segen deutſcher Induſtrie. Auf Sie fiel die Wahl zum erſten und vornehmſten Vereinsamte und belaſtete Sie allein mit den Geſchäften des Vereinsdirektors, des Redakteurs der Zeitſchrift, des Bewahrers des Archivs, des Geſchäftführers. Uneigennützig, voll Mut im Herzen und voll Arbeitsluſt nahmen Sie dieſe Wahl an. Fünfundzwanzig Jahre ſind ſeitdem dahingerollt und ununterbrochen haben Sie mit gleicher treuer Hingebung, mit umfaſſendſter Sachkenntnis, mit anerkannter Milde, hier mit feinfühliger Klugheit, da mit ſchneidigen Waffen, dort mit verſöhnenden

Worten das Amt zur Freude und zum Wohle des Vereins als ein ganzer Mann verwaltet und sich den vollen Dank aller Vereinsmitglieder dauernd erworben. Diese, geführt von alten Freunden und Ihren Verehrern, haben sich zusammengetan, um solchen Empfindungen nicht nur durch wahrhafte Worte Ausdruck zu geben, sondern Ihnen auch ein sichtbares Zeichen der Erinnerung an das heutige Ehrenjahr des Vereins und Ihres eigenen Direktorialjubiläums in dankbarster Anerkennung Ihres verdienstvollen Wirkens zu widmen. Es ist ein Erinnerungszeichen, bestimmt zum täglichen Gebrauch bei Ihrer geistigen Tätigkeit, bei dem Schaffen der Werke, mit welchen Sie der lernenden Jugend, den ausführenden Männern hilfreich und fördernd an die Hand gehen, bei den Schriften, die Sie zum Wohle und förderlichen Gedeihen des Vereins Deutscher Ingenieure bearbeiten. — Die Stätte Ihrer stillernsten Arbeit erschien als die geeignetste zur Aufnahme der Ehren- und Gedächtnisgabe. In ihrem Schmucke wurde derselbe eine Gestaltung gegeben, die in lebendigen, kunstgerechten Formen die Zeit von der Gründung unseres Vereins bis zum heutigen Tage in hervorragenden Momenten darzustellen sucht und in der Schönheit ihrer Ausführung Sie täglich zu erfreuen vermag. — Der Lorbeer dem, der es versteht, die Theorie und die Praxis eng verbunden zu halten, der aus dieser Geschöpftes durch jene erklärt und den Ausführenden stets Förderndes aus den theoretischen Lehren bietet! Der Genius der unverwandelbar hochgehaltenen Wissenschaft möge noch lange seine helle Fackel über Ihrem Haupte und durch Sie über dem Verein Deutscher Ingenieure unter Ihrem Direktorate leuchten lassen, damit im Zusammenwirken der geistigen Kräfte deutscher Technik zu gegenseitiger Anregung und Fortbildung die gesamte Industrie Deutschlands erstarke! Dieser Wunsch beseelt Alle, welche den Verein vor 25 Jahren in kleiner Schar gründeten, nicht minder diejenigen, welche ihn auf eine Zahl von fast 4000 Mitgliedern ausdehnen halfen. Er beseelt die Fernen wie die Anwesenden, welchen das Glück beschieden ist, mit Ihrem Jubelfeste das des Vereins selbst zu feiern. Insbesondere aber ist es dem Überreichenden so Ehre wie Freude, heute wie vor 25 Jahren als Vorsitzender des Vereins Sie beglückwünschen und Darbringer dieser Ehrengabe sein zu dürfen.

Möchten Sie noch lange Jahre Freude an ihr wie an dem Vereine haben!"

Leider sind die Schlußworte nur in geringem Maße verwirklicht worden. Wenn Grashof auch den Schlaganfall, der ihn im Jahre 1882 traf, allmählich überwand, so daß er bald wieder seinem Lehramt ebenso wie seinem Vereinsamt obliegen konnte: die frühere Kraft und Frische erlangte er nicht wieder. Dazu kamen die Wirkungen des zunehmenden Alters, so daß Grashof sein Amt als Direktor unseres Vereins durch seinen Brief vom 10. August 1890 niederlegte. Mit der Erklärung seines Rücktritts entwickelte er in treuer Fürsorge für die Zukunft eine Reihe von leitenden Gesichtspunkten, die entscheidend für die jetzigen Einrichtungen unseres Vereins geworden sind. Nur wenige Jahre noch waren ihm seitdem beschieden und auch diese getrübt durch zunehmende Hinfälligkeit. Suchen wir uns Grashofs Persönlichkeit zu vergegenwärtigen und uns die Frage zu beantworten, aus welchen seiner Eigenschaften sein großer und doch niemals als Zwang empfundener Einfluß auf unseren Verein und auf uns alle, die wir mit ihm verkehrten, zu erklären sei, so waren es vor allem die milde Klarheit seines Wesens und die über alle kleinen Schwächen der Eitelkeit und Herrschsucht erhabene Lauterkeit seines Charakters, die wir bewunderten und die in Verbindung mit seinen großen Geistesgaben ihn befähigten, im Kampfe der Meinungen mit geradezu unfehlbarer Sicherheit nicht nur das Zweckmäßigste, sondern auch das Würdigste, also kurz: das Beste zu finden.

In hohem Maße galt auch von Grashof, was Goethe seinem Freunde Schiller nachrief, daß

„Hinter ihm in wesenlosem Scheine
Lag, was uns alle bändigt, das Gemeine".

Diesem Zauber seiner Persönlichkeit, der uns, indem wir uns seiner erinnern, den Schmerz über seinen Hingang immer aufs neue empfinden läßt, vermochte sich niemand zu entziehen, dem es vergönnt war, Grashof näher zu treten; aus ihm erklärt sich die tiefe Trauer in allen Kreisen unseres Vereins, dessen Dank und Verehrung für Franz Grashof nimmer erlöschen werden, so lange wir an dem von ihm begonnenen Werk in seinem Sinne weiterbauen.

XXXIV. Hauptverſammlung des Vereins Deutſcher Ingenieure in Barmen-Eberfeld.

I.

Antwort des Vorſitzenden H. C. auf die Begrüßung des Bergiſchen Bezirks-Vereins in der Concordia zu Barmen. 13. 8. 1893.

Verehrte Vereinsgenoſſen!

Das war ein herzlicher Willkommgruß, der uns geboten wurde! Von Herzen kam er und zu Herzen ging er. Wer ſollte ſich nach ſolchen Worten hier nicht heimiſch fühlen? Wer wird es nicht dankbar und mit freudigem Stolz begrüßen, daß ihm als einem Glied der großen Familie Deutſcher Ingenieure von deren treuen Söhnen hier im Bergiſchen Land ſolch warmer, ſolch verwandtſchaftlicher Empfang zuteil geworden iſt?

Ein echter Familienſinn ſprach aus dem Willkommgruß. Dafür — im Namen des Geſamtvereins — Dank, herzlichſten Dank! Wem unter uns es aber vergönnt war, der vorjährigen Hauptverſammlung in Hannover beizuwohnen, in dem iſt auch eine liebe Erinnerung wieder wach geworden. Trübe Wolken drohten den Schluß jenes unvergeßlich ſchönen Feſtes zu verhüllen. Unter ſchwerer Heimſuchung trauerte die Nachbarſtadt. Schwarze Schatten ſenkten ſich über die deutſchen Lande. Da überbrachte der verehrte Herr Vorredner in ſeiner herzgewinnenden Weiſe die Einladung unſeres Bergiſchen Bezirksvereins. Und wie ein heller Sonnenſtrahl ging es durch die Verſammlung. Hoffnungsfreudig ſchied ſie mit dem Ruf: Auf fröhliches Wiederſehen im nächſten Jahre in Barmen-Elberfeld!

Inzwiſchen iſt das Wort zur Tat geworden.

Ein Jahr iſt dahingegangen, ein arbeitsvolles Jahr für unſern Gaſtfreund. Wieviel gab es zu planen, zu denken, zu überlegen, zu handeln! Denn eine große, immer schwerer sich gestaltende Aufgabe ist es, unserer mächtig anwachsenden Familie eine würdige Heimstätte für ihre jährlichen Zusammenkünfte zu bereiten. Dazu bedarf es einer opferwilligen Hingabe seitens des einladenden Bezirksvereins, großer Opfer namentlich an Zeit und Arbeitskraft. Wie in einem wohlgefügten Organismus muß alles richtig ineinandergreifen, jeder an seinem Platze. Dann muß das werktätige Interesse des Einzelnen sich immer auf größere Kreise übertragen, bis die Bewegung — weit über die Grenzen der Mitgliedschaft hinaus — den ganzen Festbezirk ergriffen hat, die ganze Bürgerschaft, die Presse, die städtischen, die staatlichen Behörden, die Vertreter des Handels, der Wissenschaft und Industrie. Aber erst wenn auch die Huld der Frauen und Jungfrauen für das Werk gewonnen ist, wenn Hand in Hand mit dem Ingenieur die Tochter des Vereins, die holde Ingenieuse waltet, dann erst wird der wohlgeratene Bau zu einem Deutschen Heim. Dann weht uns, wie an dem heutigen Abend, daraus die gemütvolle Festesstimmung entgegen, der der verehrte Herr Vorredner so warmen und beredten Ausdruck gegeben hat. Wohl mag der Bergische Bezirksverein heute mit innerer Befriedigung auf sein Werk zurückblicken. Daß es gelungen sei, das kündet der reiche Festplan, den er entworfen, die bleibende wertvolle Festschrift, die er verfaßt hat; das sagt ihm ein Blick auf diese fröhlichen Reihen seiner Gäste und Vereinsgenossen, die der blütengleiche Schmuck unserer Frauenwelt durchwebt. Vertrauen wir uns daher wohlgemut auch seiner ferneren Führung an! Er wird uns sicher durch die noch so hochgehenden Wogen unserer Festesfreude steuern — sollten auch „kritische Tage erster Ordnung" sich vorhersehen lassen! Sind wir doch — wie es jüngere Naturforscher behaupten — in dem „feuchtfröhlichen" Rheinlande, dem Lande, auf dessen Bergen unser Rheinwein wächst, in dessen Tiefen unser Rheingold ruht — die Kohle und das Erz, das Lebensblut der deutschen Industrie —, dem Lande, in dessen reichgesegneten Gefilden ein lebensweiser, lebensfroher Volksstamm wohnt, der zu rechter Zeit und Stund die emsige Arbeit mit heiterem Sang und Becherklang zu würzen weiß; dem Lande, das der herrlichste aller Ströme durchzieht, bei dessen Namen schon das deutsche Herz in freudigerer Schwingung schlägt: der freie, deutsche Rhein, „den sie nicht haben sollen!" Lassen wir in diesen Festtagen auch den Rhein hinab unsere täglichen Sorgen gleiten, gleichwie die schwarze Wupper ihre trübe, saure Arbeitslast in seine verjüngenden Fluten trägt. — Auf denn zur frohen gemeinsamen Fahrt! Möge die Liebe zu unserem Verein die Segel schwellen, möge die XXXIV. Hauptversammlung reich an Ehren und Erfolgen sein! Und landen wir, so folge uns in die Heimat als unvergänglicher Besitz: die schöne Erinnerung an die Tage von Barmen-Elberfeld!

Doch ehe wir die Anker lichten, erschalle der Ruf: alle Mann auf Deck! Ergreifen wir die Gläser und jubelnd bringe der Gesamtverein ein dreifaches, herzliches Willkommen seinem hochgeschätzten „Bergischen Bezirksvereine" dar. Er lebe hoch, er wachse, blühe und gedeihe!

II.
Eröffnungsrede in der Konkordia zu Barmen.

Hochgeehrte Versammlung! Dem gastfreundlichen Rufe unseres verehrten Bergischen Bezirksvereins folgend, tritt heute hier an altberühmter Stätte deutschen Gewerbefleißes und deutschen Bürgersinns der Verein Deutscher Ingenieure in das Werk seiner 34. Hauptversammlung ein. Freudig walte ich meines ehrenvollen Amtes und heiße Sie, verehrte Mitglieder des Vereins, auf das herzlichste willkommen zu gemeinsamer froher und fördernder Arbeit in Barmen-Elberfeld! Auch über die Grenzen des Vereinsgebietes hinaus hat unser lieber Bergischer Gastfreund seinen Ruf ergehen lassen, wohl wissend, daß er sympathischen Anklang bei den hohen Behörden seines heimatlichen Bezirkes finden würde. Sind doch hier in diesem, mit Naturschätzen so reich gesegneten, so verkehrs- und industriereichen Lande — treffend nennt es die Festschrift des Bergischen Bezirksvereins einen der dunkelsten Punkte auf der Eisenbahnkarte Deutschlands, und setzen wir hinzu, Europas — sind doch gerade hier die ſtaatlichen und ſtädtiſchen Behörden zugleich die Hüter und Förderer gewichtiger Handels- und gewerblicher Intereſſen, ſind ſie doch ſelbſt große Induſtrielle, Arbeitgeber und Schöpfer hervorragender Ingenieurwerke, wirken doch in ihrem Schoße, wie in unſerem Vereine, die geiſtigen Kräfte deutſcher Technik zuſammen zum Wohle der geſamten deutſchen Induſtrie.

So haben wir die hohe Ehre, heute in unſerem Verein als Ehrengäſte begrüßen zu dürfen: Herrn Oberbürgermeiſter Wegner aus Barmen, Herrn Kommerzienrat Bartels Präſident der Handelskammer in Barmen, Herrn Handelskammerpräſidenten Schöller-Elberfeld.

Meine Herren! Mit 8700 Mitgliedern, 600 mehr als im Vorjahre, tritt der Verein Deutſcher Ingenieure heute ſein 38. Lebensjahr an. Wir dürfen jetzt hoffen, daß über 10 000 deutſche Ingenieure ſeinen 40. Geburtstag feiern werden. Dieſes erfreuliche Wachstum verdankt er vor allem dem einträchtigen Zuſammenwirken ſeiner 34 Bezirksvereine. Mit dem Wunſche, daß auch unter dem gaſtlichen Dache dieſes Hauſes, unter dem Zeichen der Konkordia, der alte Vereinsſinn ſich aufs neue unverwelkliche Ehrenkränze winden möge, erkläre ich die 34. Hauptverſammlung für eröffnet!

III.
Anſprache nach der Eröffnung der Hauptverſammlung.

Eure Exzellenz und Hochverehrte Herren! Die überaus ehrenvolle und herzliche Begrüßung, die unſerer Verſammlung von den hohen Vertretern der Regierung, der ſtädtiſchen Verwaltung und der öffentlichen Intereſſen in dieſem ſchönen Bergiſchen Lande zuteil geworden iſt, hat ihren dankbaren Nachhall in den Herzen der hier Anweſenden gefunden. Dies verkündete der rauſchende Beifall am Schluſſe Ihrer Worte. Denn wie der Einzelne, ſo kann auch ein Verein die ehrende Anerkennung ſeines Strebens nicht entbehren, ſoll er nicht in ſeinem Fortſchritte erlahmen. Die gewichtigen Worte aber, die wir heute von berufenſter Seite vernommen und die unſere Vereins-

Zeitschrift bald in alle Werkstätten der Deutschen Technik tragen wird, sind ein Sporn für den Gesamtverein, ein Förderungsmittel seiner Fortentwicklung. Sie sagen ihm, daß er auf dem rechten Wege ist, die vaterländische Industrie und damit des Reiches Wohlfahrt zu erhalten und zu heben. Sie sagen ihm aber auch zugleich, daß hier Staat und Städte bei jedem Anlaß ihre große Aufgabe erfüllen, die der Fackelträger unseres naturwissenschaftlichen Zeitalters, der große deutsche Ingenieur Werner von Siemens in den Ausspruch zusammengefaßt hat: „Um den Staat vor Verarmung und Verfall zu schützen, ist heute das Zusammenwirken aller geistigen Volkskräfte nötig, deren Entfaltung und Fortentwicklung eine der wichtigsten Aufgaben des modernen Staates bildet." Genehmigen Sie den herzlichsten Dank des Vereins!

IV.

Antwort auf den Vortrag des Herrn Prof. Dürre über die Weltausstellung in Chicago.

Geehrter Herr Professor!

Die lautlose Stille während Ihres hochinteressanten Vortrags, der lebhafte Beifall, den Sie eben vernommen haben, hat Ihnen bereits als Beweis des Dankes gegolten, den Ihnen die Versammlung schuldet. Für jeden von uns und unseren gesamten Verein hat alles, was mit der Ausstellung von Chicago zusammenhängt, das allergrößte Interesse; denn jeder von uns ist sich wohl der prophetischen Worte von Werner von Siemens bewußt: „Der Kampf der Alten mit der Neuen Welt auf allen Gebieten des Lebens wird allem Anschein nach die alles beherrschende Frage des kommenden Jahrhunderts sein, und wenn Europa seine dominierende Stellung in der Welt behalten oder doch wenigstens Amerika ebenbürtig bleiben will, so wird es sich beizeiten auf diesen Kampf vorbereiten müssen." Man bereitet sich auf einen Kampf vor, indem man vorurteilsfrei und sorgfältig seine eigene Stärke und Schwäche und die Stärke und Schwäche des Gegners abwägt. Sie sind in Amerika gewesen, Sie haben mit eigenen Augen gesehen und Ihre Eindrücke uns lebendig geschildert. In dieser Weise haben Sie auf das wirkungsvollste eine Vereinsaufgabe gefördert, an welche wir ja im vorigen Jahre mit so großen Opfern und in klarer Erkenntnis der ernsten Sachlage herangetreten sind.

V.
Antwort auf den Geschäftsbericht des Vereinsdirektors.

Meine Herren! Aus dem Geschäftsbericht unseres Herrn Vereinsdirektors haben Sie einen Rückblick auf die erfreulichen Ergebnisse der verflossenen Arbeitsperiode werfen können, aber auch ein Trauerklang tönte Ihnen entgegen. Werner von Siemens, unser Ehrenmitglied seit 1873, seitdem er in unserm siegreichen Kampfe um einen deutschen Erfindungsschutz als Führer in unsere Reihen trat, Werner von Siemens, einer der größten, bahnbrechenden Erfinder aller Zeiten und daher einer der größten Wohltäter der Menschheit, gleich groß als Naturforscher, Ingenieur und Fabrikant, Werner von Siemens hat sein durch erfolgreiche Mühe und nützliche Arbeit reich beglücktes Leben im Vorjahre beschlossen, schmerzerfüllt, daß es ihm nicht mehr vergönnt war, an der vollen Entwicklung des naturwissenschaftlichen Zeitalters erfolgreich weiterzuarbeiten, unseres Zeitalters, dessen wunderbarer Kulturfortschritt aus der gegenseitigen Durchdringung von Naturwissenschaft und Technik hervorgeht, dessen größtes Wunder es aber ist, daß das Studium der Naturwissenschaften noch nicht allgemein als die Grundlage der Schulung für die Aufgaben unserer neuen Zeit gewürdigt wird. Auch hierfür hat Werner von Siemens gekämpft und alle Bedenken der früheren Zeitrichtung durch den Nachweis zerstreut, daß das Studium der Naturwissenschaften in seiner weiteren Ausbildung und Verallgemeinerung die Menschheit nicht verrohen und idealen Bestrebungen abwendig machen würde, sondern im Gegenteil zu demütiger Bewunderung der die ganze Schöpfung durchdringenden und unfaßbaren Weisheit führen, sie also veredeln und bessern müßte.

Unser Verein wird das Werk seines unsterblichen Ehrenmitgliedes nach Kräften weiter fördern. Trauernd hat er ein

Gedenkblatt auf fein frifches Grab gelegt. Aber auch die erfte Jahresverfammlung nach dem Heimgang des großen Mannes hat die Pflicht, dankbar feiner zu gedenken. Ich bitte Sie zum Zeichen der Ehrung von Werner von Siemens fich von Ihren Sitzen zu erheben.

VI.
Kaifertoaft beim Feftmahl in Elberfeld.

Hochverehrte Feftverfammlung!

Es ift ein menfchlich-fchöner und altheiliger Brauch, daß wir bei jedem Fefte, das wir feiern auch die Erinnerung und die Hoffnung uns zu Gafte laden, auf daß fie von der frohen Gegenwart, die uns umgibt, dankbar den Blick uns lenken in Vergangenheit und Zukunft. Dann zeigt uns die Erinnerung die Quellen, aus denen unfere Feftesfreude ftrömt, und zu uns fpricht die Hoffnung mit dem Dichterwort:

Liegt dir geftern klar und offen,
Wirkft du heute kräftig frei;
Kannft auch auf ein Morgen hoffen,
Das nicht minder glücklich fei!

Heute feiert der Verein der Deutfchen Ingenieure fein Jahresfeft im fchönen Bergifchen Land, an weltberühmter Stätte deutfchen Handels, deutfcher Induftrie, gaftfreundlich aufgenommen von den blühenden Schwefterftädten. Ihn ehrt der freudige Zuruf hoher Schirmherren unferes öffentlichen Wohls, bewährter Förderer deutfcher Wiffenfchaft und Technik. Aus deutfchem Dichterherzen klingt als Feftgruß ihm: Willkommen! und Glückauf! entgegen. Es grüßen fich die Freunde und Genoffen aus allen Gauen unferes weiten Deutfchen Reichs und zum Familienfefte wird die Feier im trauten Kreife unferer holden deutfchen Frauen. Welch frohe Gegenwart umfängt uns alle!

Da fpricht zu uns jetzt die Erinnerung: Vor 37 Jahren ging aus engem Freundeskreis, aus niederer „Hütte", in frifchem, jugendlichem Wagemut der Deutfche Ingenieurverein hervor.

Es schuf ihn und es gab ihm seinen Namen jener ideale Zug nach hohen Zielen, den in deutsche Jünglingsbrust die Wissenschaft auf deutscher Schule pflanzt. Sein Ziel, es war: Die Förderung der Deutschen Industrie durch das Zusammenwirken ihrer geistigen Kräfte. Fürwahr, ein kühnes Ingenieurwerk war die Gründung des Vereins! Ein Deutschland lebte damals nur im Traume der Jugend; ohnmächtig und zerrissen war das einst so mächtige Reich, zersplittert war es in 36 eifersüchtige Einzelstaaten, gehemmt, gefesselt Handel und Verkehr, schutzlos die Geistesarbeit, die Erfindung, eng und beschränkt das technische Gebiet, die Städte klein; arm war das Land, denn damals gab's noch keine deutsche Industrie, die unter eigner Flagge sich den Weltmarkt zu erobern wagte. Des Reiches Einheit fehlte und sein Schutz! Ins Ausland wanderte manch deutscher Ingenieur. Langsam wuchs der Verein von Jahr zu Jahr in unentwegter Treue an sein hohes Ziel: Sein Spruch, er war:

Ans Vaterland, ans teure, schließ dich an,
Das halte fest mit deinem ganzen Herzen!
Hier sind die starken Wurzeln deiner Kraft.

Aus diesen Wurzeln hat er seine Kraft gezogen!

Auf jedem Jahresfeste konnt' er froh ein weiteres Wachstum seines Stammes melden, und immer neue Zweige trieb der Stamm. Doch dreimal schwieg die Festesfreude in dem Klang der Waffen. Denn nur im Frieden kann das Werk der Industrie gedeih'n.

Da kam die lang, die heiß ersehnte Zeit des einigen deutschen Reiches. Der Rhein ward wieder Deutschlands Strom, nicht länger Deutschlands ungeschützte Grenze. All Deutschland hatte seinen Kaiser wieder! Und in dem Sonnenglanz des Friedens, geschirmt von starker Kaiserhand, trat nun in allen Teilen unseres Reiches ein wunderbarer, nie geahnter Aufschwung ein. Ein neues Lebensblut durchflutete den Körper, es regte sich die alte deutsche Kraft, der Unternehmungsgeist und die Erfindung; Handel und Wandel blühten auf, die Städte wuchsen, die Fabriken, fürstliche Lehrstätten fand die Wissenschaft, und es begann die Deutsche Technik ihren Siegeslauf, der ihr die Palme in dem Wettbewerb der Völker hat errungen! Mit diesem Aufschwung hielt naturgemäß auch die Entwicklung des Vereins gleichen Schritt. Heut nennt er sich mit Stolz den größten technischen Verein der Gegenwart. Ihm ward der Lohn der Treue für den Glauben an die glorreiche Zukunft unseres Deutschen Reichs. Drum mag er sich des heutigen Festes freuen! Da spricht die Hoffnung:

Fürchtet nicht, daß jemals rückwärts wende sich der Strom, daß uns entrissen werde, was wir uns errungen! Naturwissenschaft und Technik schreiten schnell, ein jeder Tag verkündet neue Wunder. Gesittung, Wohlstand folgen ihrem Pfad. Hoch hält der deutsche Ingenieur des Fortschritts Fahne in der Hand und wird und muß in diesem Zeichen siegen!

Fürchtet nicht, daß ihm des Friedens Sonne sich verhüllen werde. Ob auch in Ost und West sich Wolken türmen, — der Kaiser wacht! Er wird den Frieden schirmen! Und muß es sein, so wird der deutsche Ingenieur bis in das Herz des Feindes seine Brücken schlagen, den Hammer wird er schwingen und mit freudigem Schlag in Berg und Mark aus Sens' und Pflugschar schmieden gute, deutsche Klingen, die uns den ewigen Frieden wiederbringen. Fürchtet nichts! Gar fest gezimmert ist des Reiches Bau, nicht ward ein besseres Ingenieurwerk je vollbracht. Sein Fundament: es ist die deutsche Treue. Und immer fester wird sich dies Gebild gestalten, nie werden rohe Kräfte darin sinnlos walten!

So laßt uns denn das erste Glas, den ersten Ruf, den ersten Segenswunsch, das erste deutsche Lied dankbar der ersten Quelle unserer heut'gen Festesfreude weih'n: Dem hochgesinnten, willenskräftigen Herrscher, unter dessen Schutz das Deutsche Reich, die deutsche Industrie erblüh'n und deutsche Arbeit ihre frohen Feste feiert! Wie uns das Leben sonst auch trennen möge, in Lieb und Treu zu unserem Kaiser sind wir eins mit unserem ganzen Denken, Fühlen und Empfinden!

Ihr deutschen Ingenieure, Freunde und Genossen, verehrte Gäste, holde deutsche Frauen stimmet ein:

Der Himmel sende seinen reichsten Segen dem teuren, dem erhabenen Herrscher dieses Landes und des Deutschen Reiches, dem mächtigen Horte unseres Friedens, unseres Glücks, zum Heile Deutschlands und der deutschen Arbeit! Seine Majestät der Kaiser von Deutschland und König von Preußen, Wilhelm II., Er lebe hoch! hoch! hoch!

IIIL. Hauptverfammlung des Vereins Deutfcher Ingenieure in Berlin.

Die Hauptverfammlung zu Berlin am 11., 12. und 13. Juni 1906 feierte gleichzeitig das 50jährige Jubiläum. Beim Feftmahl erzählt H. C. aus feinen Erinnerungen als Mitbegründer des Vereins.

Hochgeehrte Damen und Herren!

Dem Vorrecht des Alters und einem halben Jahrhundert eigener, froher und ernfter Rückblicke auf die glänzende Entwicklung des Vereins, der hier im Kreife holder Frauen, hoher Gönner und treu bewährter Freunde fein fünfzigftes Wiegenfeft feiert, verdanke ich die große Gunft und Freude, im Namen der Ehrengäfte dem über diefem denkwürdigen Fefte gaftfreundlich und mit liebender Sorgfalt waltenden Berliner Bezirksverein den Ausdruck herzlichften Dankes darzubringen. Dank und Gegengruß für das liebenswürdige Willkommen, das uns der verehrte Vorfitzende des Berliner Bezirksvereins und deffen Feftausfchuß, Herr Baurat Kraufe, entgegengerufen hat! Der warme fympathifche Klang Ihrer freundlichen fchwungvollen Worte, verehrter Herr Baurat, wird lange, lange noch in den Herzen aller widerklingen, die fie vernommen, und überall wird diefer Klang aufs neue ertönen, wo man der heutigen Feftesfeier des Vereins gedenkt. Aber befonders tief und dankbar find Ihre von wärmfter Empfindung getragenen Worte von denen mitvernommen worden, denen es vergönnt war, einft an der Wiege unferes gefeierten Geburtstagskindes ftehen, feine Schritte lenken und nun feinen heutigen höchften Ehrentag noch miterleben zu dürfen. Wie haben fie die Jahre, die Monate, die Wochen gezählt, die fie von diefem Tage fchieden, fürchtend, daß zwifchen Lipp und Kelchesrand noch Unheil treten möge! Und wie gering ift ihre Zahl geworden! Aber für diefe wenigen

Zeugen einer schon sagenhaft gewordenen Vergangenheit ist endlich heute der lang und still ersehnte Tag gekommen. Sie alle — auch von weiter Ferne her — sie weilen heut in unserer Mitte. Deckt auch des Winters Schnee das greise Haupt, in ihrem Herzen ist aufs neu erwacht und grünt und blüht der Frühling wieder, in dem einst der Verein, ihr schönster Traum, entstand.

Trägt die Erinnerung sie doch heute, in der Maienzeit, in die Maienzeit ihres eigenen Lebens zurück, in die goldene glückselige Zeit der akademischen Jugendjahre, die Zeit des Lernens, der Freundschaft, der Ideale, der flammenden Begeisterung für alles Große und Gute, die Zeit der ersten kühnen Pläne und Entwürfe. Sie träumen sich wieder zurück in ihre alten Hörsäle, Laboratorien und Werkstätten im Berliner Gewerbeinstitut in der Klosterstraße, und von neuem umgibt sie der Freundeskreis der trauten „Hütte": Vereint die Gegenwart nach ernster Arbeit froh genießend, den Blick mutvoll in die Zukunft gerichtet, das Herz von heißer Sehnsucht erfüllt nach der Wiederkehr der alten deutschen Macht und Herrlichkeit und voll gläubigen Vertrauens in die hohe Kulturmission vereinter deutscher Wissenschaft und Technik — so bilden sie einen enggeschlossenen, gleichgestimmten Freundschaftsbund.

Die Stunde des Abschiedes naht heran. Man will sie festhalten, die schöne Zeit, sie mit übernehmen in den erwählten Lebensberuf. Dort soll der akademische Bund in neuer Gestalt fortleben, zu einem die ganze deutsche Technik umfassenden Kreise sich erweitern. In gemeinsamer Arbeit, in persönlich geselligem Verkehr, in Wort und Schrift sollen die Fachgenossen sich gegenseitig fördern und ihr geistiges Besitztum mehren; nach wie vor sollen sie einander nahebleiben, wohin sie auch Beruf und Schicksal führt. Und umschlungen durch ein deutsches Vereinsband sollen sie fortan mit Stolz sich „Deutsche Ingenieure" nennen.

So entsteht der Vereinsgedanke. Man trennt sich mit dem Versprechen: auf Wiedersehen beim zehnjährigen Stiftungsfest der Hütte! Ort und Zeit sind bereits von den einstigen Gründern der Hütte in einer feierlichen „Urkunde" festgelegt. Auch diese Zeit naht heran. In sorgsam ernstem Wägen ist inzwischen der Vereinsgedanke zum Wort, das Wort zur Tat herangereift. Jetzt gilt es zu wagen!

Und im lieblichen Alexisbad, umrauscht von den Tannen des urdeutschen Harzes, gründen in herrlicher Maienzeit 23 alte Herren der „Hütte" den Verein Deutscher Ingenieure.

Was dem bedächtigeren Alter zur damaligen trübsten Zeit des deutschen Verfalls als ein törichtes Wagnis erschienen wäre, die hoffnungsfreudige Jugend, vorahnend das Heranwehen einer neuen Zeit, sie hatte es vollbracht. Aus dem so oft geschmähten und doch nie genug zu preisenden Idealismus des deutschen Denkervolkes war das neue Werk hervorgegangen.

Und kein Luftschloß hatten die jungen Ingenieure konstruiert. Das zeigt uns heute nach 50 Jahren ihr kerngesunder, wetterfester Bau. Errichtet auf dem festen Fundamente des zu rechter Zeit klar erkannten Bedürfnisses nach Zusammenschluß der geistigen Kräfte deutscher Technik, verkörperte sich von vornherein in seinem Grundriß das planvolle Zusammenwirken einzelner in sich selbständiger Glieder zu einem großen festgefügten Ganzen. Dies Ganze: der Hauptverein; seine Glieder: die Bezirksvereine; das gemeinsame Band: die Vereinszeitschrift, Franz Grashofs großes ureigenstes Werk! Die jungen Konstrukteure hatten richtig gerechnet: bis auf die heutige Stunde wirken alle diese Glieder wie im lebenden Körper zusammen, mit gleichem Pulsschlag, ein Herz und eine Seele.

Alexisbad ist vorüber. Unter dem frischen Eindruck des Erlebten eilen die jungen Gründer in ihre Berufsstätten zurück und verkünden begeistert die neue Kunde. Von Werk zu Werk, durch Hütten und Zechen pflanzt sie sich fort, noch in demselben Jahr entstehen fast gleichzeitig in Berlin und Düsseldorf die ersten Bezirksvereine: der Niederrheinische und Berliner Bezirksverein. So wird auch unser verehrter Gastfreund noch in diesem Jahr ein Fünfziger, und mit seinen über 2500 Mitgliedern blickt er heute fröhlich auf eine erfolgreiche Vergangenheit zurück. Diese verdankt er sich selbst und seinem treuen

Zusammenwirken mit dem Gesamtverein. Große deutsche Ingenieure sind in ihm tätig, und was aus ihm hervorgegangen, ihre Taten melden die Annalen deutscher Wissenschaft und Technik, aber die Geburtstagsfeier des Vereins Deutscher Ingenieure, die er mit so echt liebevollem Vereinssinne ausgerüstet, durch seine herrliche Festschrift geschmückt, durch seinen wunderbaren Begrüßungsabend verherrlicht, durch seine liebenswürdige Gastfreundschaft uns unvergeßlich gemacht hat, war doch — so wird es fortan heißen und Sie alle stimmen ein — diese goldene Jubiläumsfeier war doch seine schönste Tat!

So möge denn unser verehrter Gastfreund, der Berliner Bezirksverein, der uns gestern abend Arbeit und Frohsinn in so schöner edler Form vorgeführt hat, bis in sein höchstes patriarchalisches Alter fortleben. Stimmen Sie jetzt mit mir ein: Der Berliner Bezirksverein Deutscher Ingenieure und sein allverehrter Vorsitzender, Herr Baurat Max Krause, sie leben hoch! hoch! hoch!"

Erinnerungen aus der Gründungszeit des Mannheimer Bezirksvereins Deutscher Ingenieure.

Am 5. und 6. Juni 1909 wurde in Mannheim eine Feier zum 40 jährigen Jubiläumsfeste des Mannheimer Bezirksvereines veranstaltet, zu welchem H. C., am persönlichen Erscheinen verhindert, als Mitbegründer folgendes Gedenkblatt als Festgruß aus Bad Ems sandte.

An unseren Lebenswegen stehen viele Kreuze und Gedenksteine, groß und klein. Manche schon altersgrau und verwittert, unleserlich geworden ihre Inschrift, während andere, aus unvergänglichem Stein und Erz geschaffen, noch ihren ersten Jugendglanz bewahrt haben, als seien sie heut erst aus des Meisters Hand hervorgegangen.

Diese Kreuze und Gedenksteine sind die Geschichtstafeln unseres eigenen Lebens. Alle seine denkwürdigen Momente finden sich auf ihnen mit Jahr, Tag und Stunde zu bleibendem Angedenken eingezeichnet.

Unaufhaltsam vorwärts eilend auf unserer Lebensbahn durften wir zu keinem Augenblicke sagen: „Verweile doch, du bist so schön!"

Von allem, was wir soeben erst erlebt, gedacht, getan, von allem, was soeben noch uns Herz und Sinn in Freud und Leid bewegte, mußten wir uns schon im nächsten Augenblicke wieder trennen. Ist doch das Leben ein ununterbrochenes Abschiednehmen.

Es kommen aber Stunden, in denen wir den Blick rückwärts wenden auf den durchmessenen Weg. Dann grüßen uns wieder jene zurückgelassenen, halbvergessenen Wegezeichen, wir lesen ihre Inschriften und es erwachen in uns die Erinnerungen an längst vergessene Zeiten zu neuem, frischem Leben. Mit einem

Blick umfaſſen wir die fernſte und die nächſte Vergangenheit, greifbar treten vor uns alle Ergebniſſe unſeres Strebens und Schaffens.

Heute errichten wir gemeinſam ein neues Denkmal „beſtändiger als Erz". Seine goldene Inſchrift ſoll lauten:

Vierzigjähriges Stiftungsfeſt des Mannheimer Bezirksvereins Deutſcher Ingenieure. 1869—1909.

Und wenn wir in dieſer feſtlichen Gedenkſtunde den Blick rückwärts ſchweifen laſſen über vier Jahrzehnte unſeres Vereinslebens, ſo treten uns die leuchtenden Denkmäler der vorangegangenen Stiftungsfeſte entgegen. Das letzte in weiter Ferne trägt die Inſchrift:

Gründung des Mannheimer Bezirksvereins
4. Juli 1869

und zu ſeinen Füßen legen wir dieſen Kranz unſerer Erinnerungen nieder. Ein ſeltſamer Glanz ſcheint von dem alten Gedenkſtein auszuſtrömen. Es iſt das Frührot der „Großen Zeit", das einſt bei ſeiner Errichtung auch auf ihn herniederſtrahlte.

Nur wenige, ſehr wenige unter uns erinnern ſich noch jener Zeit und der Gründung des Vereins. So rufen wir denn den älteſten Vereinsgenoſſen herbei, der alles miterlebt, und heißen ihn erzählen:

Im Jahre 1869 war der Verein Deutſcher Ingenieure bereits in ſein dreizehntes Lebensjahr eingetreten, aber noch gab es kein Deutſches Reich. Was einſt, bei der Gründung des Vereins in den Maitagen 1856, die 23 „Alten Herren" der „Hütte" in ihrer jugendlichen Begeiſterung angeſtrebt hatten: die Vereinigung der geiſtigen Kräfte der geſamten deutſchen Technik, war noch zum Teil ein ſchöner Traum geblieben, noch ſchied die Mainlinie den Süden Deutſchlands von dem Norddeutſchen Bund, und nur nördlich dieſer Linie hatte ſich bereits die bei der Gründung als weſentlichſtes Vereinselement geplante Gliederung des Vereins in Bezirksvereine vollzogen. Zu den erſten, noch im Jahre 1856 entſtandenen Bezirksvereinen gehörte der von Friedrich Euler gegründete Pfalz-Saarbrücker Bezirksverein. In ihm fanden auch die wenigen dem Hauptverein bereits angehörigen Ingenieure des damals noch induftriearmen Mannheim Aufnahme und kollegialifchen Anfchluß. Durch die im Verlauf der letzten fünf Jahre eingetretenen politifchen Umwälzungen hatte fich aber ein immer ftärker werdender frifcher Luftzug auch in dem wirtfchaftlichen Leben des deutfchen Volkes fühlbar gemacht. In den feit 1864 mit kurzem Zwifchenraum geführten Kämpfen gegen Dänemark und gegen Öfterreich und deffen mittel- und füddeutfche Bundesgenoffen hatten die lang vorbedachten Pläne des größten deutfchen Ingenieurs Otto von Bismarck ihren erften erfolggekrönten Abfchluß gefunden. Die lang umftrittene Frage der Hegemonie in Deutfchland war endgültig entfchieden, der Hohenzollernaar hatte feine kraftvollen Schwingen entfaltet. Man fühlte allgemein, daß noch der letzte Kampf, der Kampf um den freien deutfchen Rhein und die Kaiferkrone, ausgekämpft werden müffe. Aber das auf allen Gebieten feit langen Jahren eingefchlummerte Bewußtfein der eigenen Kraft war wieder erwacht und man begrüßte hoffnungsfreudig die flammende Morgenröte einer neuen, einer „großen Zeit". Diefes belebende Gefühl durchdrang nun auch Handel und Wandel, der Unternehmungsgeift rührte fich wie nie zuvor, dem deutfchen Ingenieur eröffneten fich neue Gebiete für feine Tätigkeit. Und wie dreizehn Jahre früher in der Zeit der Reaktion nach dem kurzen Traum von einem einigen Deutfchen Kaiferreich im Völkerfrühling des Jahres 1848 die Ingenieure, ihrer Zeit mutig vorangeeilt, einen alldeutfchen Ingenieurverein gegründet hatten, fo überfprangen fie auch jetzt die hemmenden Schranken der Mainlinie, und der erfte Bezirksverein Deutfcher Ingenieure, den diefe Pioniere des Fortfchritts am 4. Juli 1869 füdlich der Mainlinie gründeten, war der Mannheimer Bezirksverein Deutfcher Ingenieure. Er fchloß fich als fünfzehnter den bereits vorhandenen Bezirksvereinen an. Der Hauptverein zählte damals wenig über 1400 Mitglieder. — Mit der Gründung des Mannheimer Bezirksvereins find die Namen beften Klanges: Karl Friedrich Euler von Kaiferslautern, Richard Peters von St. Johann-Saarbrücken und Carl Tſambert von Mannheim vor allen andern bleibend verbunden. Euler, der „Hüttenvater", der Gründer der „Hütte" am damaligen Gewerbeinſtitut, aus der auch unter ſeiner Führung der Verein Deutſcher Ingenieure einſt hervorgegangen war, Euler, der Treueſte unter den Treuen, deſſen Wahlſpruch bis zuletzt die ſchönen Worte Max von Schenkendorfs geweſen waren: „Wenn alle untreu werden, ſo bleiben wir doch treu", Euler erkannte damals, daß die Zeit gekommen war, um für die nunmehr raſch ſich entwickelnde Mannheimer, Ludwigshafener und Frankenthaler Induſtrie und Technik eine eigene Heimſtätte in ihrem Zentrum zu gründen, losgelöſt von dem Pfalz-Saarbrücker Bezirksverein, aber nach wie vor mit ihm in treuer Freundſchaft verbunden. Zu derſelben Überzeugung war damals auch der ihm gleichgeſinnte Richard Peters gekommen, und der mit beiden befreundete Carl Tſambert, der ſeinen Wohnſitz von Saarbrücken nach Mannheim verlegt hatte, um hier die Dampfkeſſelinſpektion ins Leben zu rufen, bot ihnen ſofort die Hand zur energiſchen Durchführung des Projekts. Auch der mit Richard Peters — dem älteſten Bruder des jüngſt dahingeſchiedenen hochverdienten Direktors des Hauptvereins — ſchon von ihrer gemeinſamen Schul- und Studienzeit her auf das engſte befreundete Erzähler hatte ſich gegen Ende 1868 in Mannheim niedergelaſſen. Als ihm daher ſein Freund Peters und kurz darauf Tſambert den Gründungsplan mitteilten und mündlich erläuterten, trat auch er demſelben freudig bei. Bald verbreitete ſich die Kunde von dem zeitgemäßen und erwünſchten Unternehmen in den Induſtriekreiſen von Mannheim und Umgegend. Es fanden gemütliche Vorbeſprechungen in dem altrenommierten Langelothſchen Gaſthof „Zu den drei Glocken" ſtatt und das Gründungsobjekt nahm bald eine feſtere Geſtaltung an. Ein Aufruf, unterzeichnet von Tſambert und den Maſchinenfabrikanten Schenk — dem damaligen Mitinhaber der ſpäteren Firma Schenk, Mohr und Elſäſſer — und Carl Selbach, forderte zur konſtituierenden Verſammlung am 4. Juli 1869 im „Badner Hof" zu Mannheim (dem jetzigen Apollo-Theater) auf. Von den

Gründern und frühzeitigen Mitgliedern des Bezirksvereins seien hier nur außer den bereits genannten Unterzeichnern des Aufrufs die Namen von Reuling, Elfässer, Beyer, Breunlin, Huber, Löffler, Schröder, dem Direktor des Real-Gymnasiums — sämtlich in Mannheim — ferner Rittner und Schmidt in Ludwigshafen a/Rh., sowie Mündler, Kopp und Johannes Klein in Frankenthal genannt. Dem noch vorhandenen Gründungsprotokoll ist die vollständige erste Mitgliederliste beigefügt.

Es war ein schöner, sonniger Sonntagnachmittag, an dem sich die Vereinsgründer im „Badner Hof" zusammenfanden. Die Tagesordnung wies außer den Beratungsgegenständen bereits eine Reihe von Vorträgen interessanten und aktuellen Inhalts auf. Direktor Schröder hatte einen Vortrag über die Ursache der Dampfkesselexplosionen, Selbach über die Schaffung eines deutschen Patentgesetzes, Caro über das künstliche Alizarin angekündigt.

Die Versammlung nahm einen überaus schönen und denkwürdigen Verlauf. Waren doch Grashof, Euler und Richard Peters als Paten des neuen Bezirksvereins erschienen und begleiteten seine Gründung mit Glückwünschen und gewichtigen Worten. Auf ihren Rat wurden die im Entwurf vorgelegten Satzungen, wie einst die ersten Satzungen des Hauptvereins, ohne weitere Debatten angenommen, um sie zunächst die Feuerprobe der praktischen Anwendung bestehen zu lassen. Dann wurde die Gründung des Mannheimer Bezirksvereins als vollzogen erklärt, die erste Vorstandswahl vorgenommen und sofort in die Vereinsarbeit, die Entgegennahme und Diskussion der angekündigten Vorträge, eingetreten. In glänzenden und überzeugenden Versuchen zeigte Direktor Schröder die Wirkungen des Siedeverzugs und dessen primären Anteil an vielen, wenn auch nicht an allen Kesselexplosionen und rief durch seine Ausführungen eine überaus lebhafte und andauernde Diskussion hervor, an der sich namentlich Grashof und Isambert beteiligten. Dann folgt der Vortrag über das künstliche Alizarin oder wie sein Titel lautete: „Über die künstliche Darstellung der Krappfarbstoffe." — Bei diesem Vortrag müssen wir verweilen, denn er ruft heute in uns die Erinnerung an den ebenfalls vor vier Jahrzehnten — 1869 — erfolgten Eintritt einer der folgenreichsten industriellen Epochen wach, durch die der Aufschwung der Mannheimer Industrie und damit des Mannheimer Bezirksvereins mitbedingt wurde.

Wenden wir wiederum unseren Blick rückwärts auf die von uns durchmessene Bahn, so leuchtet uns ein hervorragendes Denkmal der chemischen Wissenschaft und Technik entgegen, auf dem wir mit goldenen Lettern die Inschrift lesen: Die erste Synthese eines natürlichen Farbstoffs; Graebe und Liebermanns künstliches Alizarin 1869.

Vierzig Jahre vor dieser epochemachenden Entdeckung war bereits durch Woehlers „Synthese des Harnstoffs" im Jahre 1828 das bis dahin unerschüttert gebliebene Dogma von der „Lebenskraft" gefallen, der im Gegensatze zu den dem Chemiker zur Verfügung stehenden chemischen Kräften der Aufbau der im Pflanzen- und Tierreich vorkommenden Körper ausschließlich reserviert sein sollte. In der Folgezeit wurde dann auch eine große Reihe von organischen Verbindungen einfacher Konstitution synthetisch hergestellt. Das komplizierte Gebiet der organischen Farbstoffe, insbesondere der seit uralter Zeit in der Färberei eingebürgerten Farbkörper der Krapp- und Indigopflanzen, war aber trotz vieler Spekulationen und Versuche ein „Noli me tangere" geblieben. Man hatte wohl aus diesen Pflanzenstoffen die in ihnen enthaltenen reinen Farbkörper isoliert und ihre empirische Zusammensetzung durch die Analyse zu ermitteln versucht, aber es fehlte jeder theoretische Einblick in ihre Konstitution und Strukturverhältnisse. Über die Farbstoffe der Krapppflanze hatte ein eigenes den Fortschritt hemmendes Verhängnis gewaltet. Diese Farbstoffe — das Alizarin und Purpurin — hatte man auf Grund ihrer Analysenergebnisse und irreführender Analogien als Abkömmlinge des Naphthalins angesprochen und alle synthetischen Versuche gingen daher von diesem weitverbreiteten Kohlenwasserstoffe aus. Es war mithin ein glückliches Ereignis, daß der damalige Professor der Organischen Chemie an dem Berliner Gewerbeinstitut, Adolf Baeyer, im Verlauf seiner klassischen Forschungen über die Konstitution des Indigoblaus eine ebenso einfache wie zuverlässige und allgemein verwendbare Reduktionsmethode entdeckte, die in dem Erhitzen der organischen Körper mit Zinkstaub bestand und dieselben bis zu den ihnen zugrunde liegenden „Muttersubstanzen" abzubauen gestattete. Bei seiner ersten Anwendung dieser wunderbaren Methode hatte Baeyer das Indol als die Muttersubstanz des Indigoblaus festgestellt.

Zu jener Zeit hatte sich Carl Graebe, ein Assistent Baeyers mit Carl Liebermann, einem Praktikanten im Baeyerschen Laboratorium zu einer gemeinsamen Forschung der Krappstoffe verbündet und als sie nun die Zinkstaubreduktionsmethode ihres Meisters zur Darstellung der „Muttersubstanz" des Alizarins anwandten, erhielten sie einen Kohlenwasserstoff, aber — man denke sich ihr Erstaunen! — dieser war nicht das erwartete Naphthalin, sondern ein anderer Bestandteil des Steinkohlenteers: das bis dahin nur wenig bekannte und unverwertet gebliebene Anthrazen. Diese Entdeckung, welche sofort den richtigen Weg zur Erforschung und dann zur Synthese des Alizarins gewiesen hatte, fiel in das Jahr 1868 und erregte ein ungeheures Aufsehen in der chemischen Welt. Graebe kombinierte nun alsbald mit dieser Entdeckung die theoretischen Vorstellungen, zu denen er in seinen kurz vorangegangenen klassischen Untersuchungen über die gefärbten Chinone der Benzol- und Naphthalinreihe gelangt war und in denen er namentlich die dem Alizarin in gewissen äußerlichen Beziehungen ähnliche und schon längst bekannte Chloroxynaphthalinsäure als einen Abkömmling des Naphthachinons angesprochen hatte. So kam er zu der Überzeugung, daß das Alizarin in analoger Weise ein Abkömmling des unter dem Namen „Oxanthrazen" bereits bekannten Anthrachinons und seine Struktur die eines Dioxyanthrachinons sein müsse. In den nunmehr mit einem bestimmten Ziel vor Augen und mit den damaligen Methoden der synthetischen Forschung in Angriff genommenen Arbeiten glückte es den jugendlichen Forschern noch im Jahre 1868, die Synthese des Alizarins aus Anthrazen nach zwei verschiedenen Methoden auszuführen, ihre erſten Reſultate in einem vom 18. Dezember 1868 datierten engliſchen Patente niederzulegen und dann am Beginne des nächſten Jahres in den „Berichten der Deutſchen Chemiſchen Geſellſchaft" den Bericht über ihre glänzende chemiſche Tat zu veröffentlichen. Wenn die Entdecker in dieſer ihrer öffentlichen Mitteilung auch bereits ſanguiniſche Erwartungen an den induſtriellen Erfolg der erſten Syntheſe eines natürlichen Farbſtoffs knüpften und den Untergang des über weite Länderſtrecken in Europa und der Levante zerſtreuten blühenden Krappbaus vorherſagten, ſo machten ſich doch auch bei vielen ſchwere Bedenken geltend. Zunächſt gab es kein Anthrazen im Handel und es war zweifelhaft, ob ſich ſolches in der erforderlichen Menge und in der genügenden Reinheit aus den bisher nur zum Schmieren von Waſſerrädern verwandten „grünen" Teerölen abſcheiden laſſen würde. Dann waren auch die ſynthetiſchen Methoden, die ſich des teuren Broms und der ſchwer im Großen ausführbaren Prozeſſe bedienten, auf den erſten Blick bedenkenerregend. Es war alſo der Technik die Aufgabe geſtellt, Wege und Mittel zu finden, um den Reſultaten der wiſſenſchaftlichen Forſchung zu einem praktiſchen Daſein zu verhelfen. In dieſe Aufgabe trat nun die Badiſche Anilin- und Soda-Fabrik im Verein mit Graebe und Liebermann ein, während auch an anderen Orten hervorragende Chemiker und Fabriken, insbeſondere William Henry Perkin in London, der einſtige Begründer,der Teerfarbeninduſtrie, ſowie die Höchſter Farbwerke das große induſtrielle Problem in energiſchen Angriff nahmen. In höchſt überraſchender und ungeahnter Weiſe wurde die vollkommene und endgültige Löſung der wirtſchaftlich-techniſch ſo hoch bedeutenden Aufgabe in kurzer Zeit faſt gleichzeitig in Deutſchland und England gefunden und glücklicherweiſe gelangte das engliſche Patent der Badiſchen Anilin- und Soda-Fabrik vom 25. Juli 1869 um einen Tag früher als das ihres großen Rivalen Perkin zur Anmeldung. Dadurch blieb der Deutſchen Alizariniduſtrie, wenn auch nicht das Monopol, denn es wurden Lizenzen erteilt, ſo doch der offene Markt in dem Hauptkonſumtionslande England während der ganzen vierzehnjährigen Lebensdauer des unangefochten gebliebenen Patentes gewahrt.

Die Gründung der deutschen Alizarinindustrie war also in Mannheim und fast um dieselbe Zeit wie die Gründung des Mannheimer Bezirksvereins Deutscher Ingenieure vor vier Jahrzehnten erfolgt. Der Vortrag über die künstliche Darstellung der Krappfarbstoffe, in dem natürlich die neue Fabrikationsmethode noch nicht mitgeteilt werden konnte und nur der baldige Eintritt der allgemein angestrebten industriellen Verwertung der Graebe- und Liebermannschen Synthese in Aussicht gestellt wurde, war daher ein Patengeschenk, das dem Verein bei seiner Gründungsfeier am 4. Juli 1869 in die Wiege gelegt worden war. Der Vortragende sagte zum Schluß, „daß die Industrie in absehbarer Zeit in die Arena hinabsteigen würde, um den Kampf mit dem Naturprodukt aufzunehmen."

Und dieser Kampf wurde noch in demselben Jahre in Deutschland und England aufgenommen. Zugunsten des „künstlichen Alizarins", wie das chemische Produkt im Gegensatz zu dem natürlichen gleich anfangs genannt wurde, sprach sofort der Umstand, daß der Farbstoff direkt in fast reinem, sowohl zum Färben wie zum Drucken geeigneten Zustand aus der chemischen Synthese hervorging, während die Krappwurzel davon nur einen Gehalt von 1—2 Prozent enthielt und noch dazu in Begleitung von braunfärbenden Verunreinigungen, die den Färber zu einer Reihe von langwierigen und kostspieligen Nachoperationen nötigten, um die Farben auf der Faser in ihrer vollen Schönheit und Echtheit hervortreten zu lassen. Durch diese Operationen dehnte sich die Herstellung der Krappartikel in vielen Fällen auf Wochen, beim „Türkischrot" sogar auf Monate aus, und große Fabrikanlagen waren erforderlich mit nur beschränkter Leistungsfähigkeit, der Kapitalumsatz war sehr verlangsamt, die kaufmännischen Dispositionen äußerst erschwert. Die Anwendung der farbarmen Wurzel zum Druck war ganz ausgeschlossen, man mußte aus ihr erst Extrakte darstellen, wodurch sich aber wieder der Preis des Farbstoffs bedeutend erhöhte. — Bei dem künstlichen Alizarin fiel nun von vornherein jeder dieser erschwerenden Umstände fort. Ein nie geahnter Schnellbetrieb wurde ermöglicht. Ein vollständiger Umschwung trat in den Färbereien und Druckereien ein. Dazu kam, daß unerwarteterweise aus der industriellen Fabrikationsmethode, die aus drei großzügigen Operationen bestand: der Oxydation des Anthrazens, der Überführung des erzeugten Anthrachinons in seine Sulfosäuren und der Umwandlung der Sulfosäuren in „künstliches Alizarin" durch die Alkalischmelze — daß aus diesen Prozessen schließlich nicht nur das Alizarin, sondern je nach den Operationsbedingungen noch zwei neue in dem Naturprodukt nicht enthaltene, überaus wertvolle Purpurinfarbstoffe hervorgingen, die die Hervorbringung neuer Farbeneffekte gestatteten und das synthetische Produkt sofort unentbehrlich machten. Der jährliche Verkaufswert der Krappwurzel betrug beim Erscheinen des künstlichen Alizarins etwa 45 Millionen Mark und ging mit dessen rasch zunehmender Produktion anhaltend zurück. Nach einer Angabe von Dr. Brunck wurden 1871 etwa 15 000 kg, 1872 zirka 50 000 kg, 1873 zirka 100 000 kg Alizarin, auf hundertprozentige Ware berechnet, produziert und der Konsum war bis 1877 auf eine größere Ziffer gestiegen als der größten jeweiligen Jahresproduktion an natürlichem Alizarin entsprach, nämlich auf 750 000 kg 100%. Die Produktion hat sich seitdem noch weiter erhöht, sie belief sich 1884 auf 1 350 000 kg, 1902 auf fast 2 000 000 kg 100%. — Der Verkaufspreis des künstlichen Alizarins, der 1872 200 Mk. das Kilo 100% betrug, ist durch unausgesetzte Fabrikationsverbesserungen heute bis auf 6,30 Mk. für das Kilo hundertprozentige Ware heruntergegangen und die Produktion ist nahezu das dreifache des früheren Krappkonsums. Die Felder, auf denen — auch in unserer Rheinpfalz — einst die Krapppflanze blühte, sind längst schon der Bodenkultur der Nährpflanzen wieder zurückgegeben worden. Doch läßt sich allein an diesen Tatsachen und Ziffern nicht der ganze umgestaltende Einfluß der Alizarinsynthese ermessen. In fast unaufhörlicher Reihenfolge sind vom Alizarin oder dem Anthrazen ausgehend wertvollste neue Derivate in allen Farben des Regenbogens und von vollendeter Echtheit hervorgegangen, die namentlich auch die frühere Wollfärberei umgeſtaltet haben. Die Fabrikationsverbeſſerungen haben völlige Umwälzungen in den Hilfsbetrieben der Schwefelſäure, des Chlors, der Alkalien wachgerufen und in weitem Umfange haben die mechaniſchen Induſtriezweige aus dieſen glänzenden Fortſchritten der techniſchen Chemie Nutzen gezogen. — Vor allem aber läßt ſich auf den mächtigen Impuls der Alizarinſyntheſe der ſeit 40 Jahren unaufhaltſam fortgeſchrittene Aufſchwung der geſamten deutſchen chemiſchen Induſtrie zurückführen, die damals zuerſt das Bewußtſein der eigenen ſelbſtändigen Leiſtungsfähigkeit gewann und ſeither das Ausland weit überflügelte.

Soweit unſer Erzähler. Seine Erinnerungen an den Gründungstag unſeres Bezirksvereins führten ihn bis zu dem Anbruch jener großen und herrlichen Zeit zurück, in der mit dem neu erwachten nationalen Bewußtſein aller deutſchen Stämme die Schranke zwiſchen Nord und Süd verſchwand und alle geiſtigen und wirtſchaftlichen Kräfte des wiedergeeinten Deutſchland an das Licht ſich drängten. Ein Kind jener großen Zeit iſt unſer Bezirksverein mit ihr herangewachſen und erſtarkt. Als Sproß des Vereins Deutſcher Ingenieure hat er ſeinem Stammvater Ehre gemacht. — Wo und wann es nur galt, die Aufgaben des Hauptvereins zu fördern, hat er in Treue, mit klugem Sinn und kräftiger Hand zugegriffen. Segen hat auf ſeiner Arbeit geruht. Der Name „Mannheim" hat einen hellen Klang in dem ganzen, weiten Gebiete des deutſchen Ingenieursvereins erlangt. Mit innerer Befriedigung und in Feſtesfreude mag daher unſer Bezirksverein heute auf die vier Jahrzehnte ſeines erfolgreichen Beſtehens und auf die Kreuze und Gedenkſteine an ſeinem Wege zurückblicken, aus deren Inſchriften ihm die Kunde ſeines ehrenvollen Wirkens entgegenleuchtet. Möge der Mannheimer Bezirksverein Deutſcher Ingenieure auch bei ſeinem 50 jährigen Jubiläum mit ebenſo gerechtem Stolz und dankbarem Sinn, wie heute, ſich ſeines erſten Geburtstages freudig erinnern!

Das 25jährige Jubiläum der Wiederkehr August Wilhelm von Hofmanns nach Deutschland 1890.

Zur Feier des 25jährigen Jubiläums der Wiederkehr A. W. v. Hofmanns wurde am 7. Juni 1890 seitens der chemischen Fabrikanten Deutschlands ein Fest in Berlin veranstaltet, an welchem eine große Anzahl Gelehrte und Industrielle teilnahmen, um dem Meister ihre Huldigung darzubringen. Maler Angely hatte zu diesem Tag die Porträts v. Hofmann's und Kekulé's angefertigt, die in der National-Galerie zu Berlin eine würdige Stätte finden sollten. H. C. ward beauftragt, die Adresse zu verfassen.

Hochverehrter Herr Geheimrat!

Dankbar begrüßt die Deutsche Farbstoffindustrie den Gedenktag Ihrer Wiederkehr nach Deutschland!

In Ihnen verehrt das blühende Gewerbe seinen Begründer, Förderer und väterlichen Freund, den Meister, welcher mit Wort und Schrift die Leuchte der Wissenschaft in die Werkstätten der Technik trug, den großen Lehrer, welcher die Technik zu dem Range einer ebenbürtigen Schwester der Wissenschaft erhoben hat. — Während Ihrer ruhmreichen Lehrtätigkeit in England ist die Industrie der künstlichen Farbstoffe entstanden. Von Ihrem Laboratorium im Royal College of Chemistry zu London ist sie ausgegangen und zuerst auf englischem Boden zu mächtiger Entfaltung gelangt. Dort begann der erfolgreiche Kampf der künstlichen gegen die natürliche Produktion; der verachtete Steinkohlenteer wurde zur unerschöpflichen Quelle ungeahnter Schätze. Auch die Geschichte der angewandten Wissenschaften kennt ihr Heroenzeitalter! Die Namen Professor Hofmanns und seiner Schüler und Mitarbeiter: Perkin, Nicholson und Grieß, sind mit unvergänglichen Lettern in ihre Annalen eingetragen.

Vorahnend das Wiedererwachen des Deutschen Reiches, das seiner besten Söhne bedarf, kehrten Sie vor 25 Jahren in die deutsche Heimat zurück. Ein inniges „Fare well!" tönte Ihnen nach. An dieser Stätte nahmen Sie Ihre reichgesegnete Lehrtätigkeit auf, bald entstehen nach Ihrem Plan die Prachtbauten der Chemischen Laboratorien zu Berlin und Bonn, es folgt die Gründung der Deutschen Chemischen Gesellschaft und wie ein anschwellender Strom mehrt sich von Tag zu Tag, von Jahr zu Jahr die Fülle und weittragende Bedeutung der Deutschen wissenschaftlichen Forschung. Sie allen voran! Das künden die „Berichte".

Gleichzeitig vollzieht sich aber der wunderbare Aufschwung der heimischen Farbstoffindustrie, die bald auf den Märkten der Welt das Ausland überflügelt. Auch in friedlichem Wettbewerb erringt Deutschland die Hegemonie.

War das ein zufälliges Zusammentreffen? Wenn wir, die Vertreter der Deutschen Farbenfabriken, heute vor unsern gefeierten Meister treten, Liebe und Verehrung in unseren Blicken, das Wort des Dankes auf unseren Lippen, so mahnt uns dieser Tag daran, daß, wie mächtig auch die Neugestaltung des Reichs und seiner Institutionen, der Ausbau der Benzoltheorie, die Entdeckungen anderer Forscher und auf anderen Gebieten zu unsern Erfolgen beigetragen haben mögen, doch auf Ihre Wiederkehr in unsere Mitte der erste und stärkste Impuls zu der ungeahnt schnellen Entwicklung unserer Industrie zurückzuführen ist. Wären Sie in England geblieben, hätten Sie dort wie hier als Organisator des chemischen Unterrichts, als Lehrer und Forscher, als Berater der Industrie und des öffentlichen Wohls, als Seele der chemischen Gesellschaft weiter gewirkt, rastlos und unermüdlich, stets neues schaffend, neues verbreitend, hinreißend durch den Zauber Ihrer Rede und Ihrer Persönlichkeit, wie ganz anders, wieviel ungünstiger für uns würde sich der Entwicklungsgang der Farbstoffindustrie gestaltet haben! Sie wurden aber der Unsere, und Ihrer Fahne folgte der Sieg.

Wollten wir Ihnen Dank für alles sagen, was die heutige Farbstofftechnik Ihrem, der Wissenschaft geweihten Leben verdankt, so müßte unser Blick fast ein halbes Jahrhundert in der Geschichte der organischen Chemie umfassen. Denn, mit Ihren eigenen Worten, nicht „wie Minerva aus dem Haupt des Jupiter" ist die Anilinfarbenindustrie aus einer glücklichen Inspiration gedankenschnell hervorgegangen. Sie war die langsam gereifte Frucht der Theorie, und weit in graue Ferne zurück, tief in dem Boden Ihrer eigenen, ewig denkwürdigen Forschungen über das Anilin und dessen Abkömmlinge verzweigen sich die Wurzeln, aus denen der lebensgrüne Baum der Praxis seine Nahrung gezogen hat und noch täglich neu empfängt.

Wie vermöchten wir Techniker den Einfluß gebührend zu würdigen, den Ihre bahnbrechenden Arbeiten auf die Entwicklung der theoretischen Chemie ausgeübt haben?

Wenn wir uns aber heute in unseren Laboratorien und Betriebsstätten der wissenschaftlichen Forschungsmethoden bedienen, welche Sie zuerst ersonnen, angewendet oder als Methoden erkannt haben, wenn wir methylieren, äthylieren, phenylieren und Atome in Moleküle wandern lassen, wenn wir uns der Azetylierung zur Darstellung nitrierter Basen, zur Trennung isomerer Monamine, zur Erkennung des Methylierungsverlaufs bedienen, wenn wir bereits hundertfältig nutzbringende Anwendung von den fast zahllosen Materialien machen, welche für die Zwecke der Wissenschaft zuerst von Ihnen entdeckt oder näher erforscht worden sind — erinnern wir nur an das Anilin, seine homologen und Substitutionsderivate, insbesondere an das starre Toluidin, das α-Hylidin und Pseudocumidin, an die Methyl- und Äthylaniline, an das Diphenylamin und Phenyltolylamin, an das Nitranilin und die solange gesuchten aromatischen Diamine, denken wir an das Hydrazobenzol, die Frucht Ihrer wiederholten Untersuchungen des Azobenzols und Benzidins, der Grundlage der heutigen Fabrikation der substantiven Azofarbstoffe — und noch mehr — wenn wir heute nicht mehr unter dem Banne der Empirie und ihrer Vorurteile stehen, nicht mehr blind tastend durch das Dunkel der früheren „Praxis" uns den Weg bahnen müssen, sondern zielbewußt und rationell arbeiten, wenn wir geleitet durch die Regeln der exakten Forſchung an der Hand der Analyſe und aller Hilfsmittel der Wiſſenſchaft mit beflügeltem Schritte der Erkenntnis zueilen, wenn die Enträtſelung eines unerwarteten Fabrikationsvorganges, eines Nebenproduktes oder eines neuen Farbſtoffes uns jetzt faſt mühelos gelingt — ſo verdanken wir alles dieſes und viel, viel mehr noch Ihrem großen Lebenswerk!

Aus Ihren Schriften haben wir das Alphabet unſeres Faches erlernt.

Faſt klingt es wie eine Sage aus alter, alter Zeit, daß Sie zuerſt das Benzol im Steinkohlenteeröle aufgefunden haben, daß durch Ihre Anregung, in Ihrem Laboratorium, die grundlegende Arbeit von Mansfield über Darſtellung und Trennung des Benzols und ſeiner Homologen entſtanden iſt, daß Sie in Ihrer chemiſchen Unterſuchung der organiſchen Baſen im Steinkohlenteeröl zuerſt die elementare Zuſammenſetzung des Rungeſchen „Kyanols" feſtgeſtellt und in ſchlagender Beweisführung deſſen Identität mit „Kryſtallin", „Benzidans" und „Anilin" nachgewieſen haben!

Angeſichts der unvergleichlichen Fülle des Lehrmaterials, das Jahr auf Jahr aus Ihrer nimmer müden Feder hervorgegangen iſt, von jener erſten ſtreng wiſſenſchaftlichen Unterſuchung des Steinkohlenteeröls an ein bleibendes Vorbild für den Techniker; von Ihrer preisgekrönten Arbeit über die „Metamorphoſen des Indigo", in der Sie zuerſt die folgerechte Bildung chlorierter und bromierter Aniline lehrten, bis zu Ihrer letzten Abhandlung in den „Berichten", müſſen wir es uns verſagen, auch nur in den flüchtigſten Zügen ein Bild Ihrer gewaltigen Lehrtätigkeit entwerfen zu wollen.

Wer aber als Fachmann dem Fortſchritte der Anilinfarbeninduſtrie gefolgt iſt, der iſt mit Ihren Schriften vertraut und hat daraus jederzeit nicht nur Belehrung, ſondern im reichſten Maße Begeiſterung für ſeinen Lebensberuf geſchöpft. Denn der Enthuſiasmus, der aus Ihren Worten ſpricht, die Freude an der Arbeit ſelbſt, an dem Aufſuchen und Finden der Wahrheit, welche aus Ihren Mitteilungen hervorleuchtet, teilt sich auch dem Leser mit und spornt ihn an zu neuem Werk.

Daher haben Sie so Großes, so Unvergängliches für die Förderung unserer Industrie gewirkt. Nicht nur, was Sie gelehrt haben — gedenken wir der Aufschlüsse, die wir Ihnen über die Natur und Bildungsweise unserer Farbstoffe verdanken, von Ihren klassischen Arbeiten über das Rosanilin und dessen violette, blaue und grüne Abkömmlinge an! — sondern viel mehr noch wie Sie gelehrt haben, das sichert Ihnen auf die fernsten Zeiten hinaus den Ehrenplatz in dem dankbaren Andenken der Farbstoffindustrie!

Hochverehrter Herr! Wir stehen vor Ihnen, uns alles dessen erinnernd, was Sie dem von uns erwählten Berufe Großes und Gutes erwiesen haben, den Dank im Herzen, unvermögend, ihn in Worten auszudrücken. Und doch muß sich ein Dankeswort auf unsere Lippen drängen. Wir blicken auf Ihr herrliches Bild, von Meisterhand gemalt. Auch das danken wir Ihnen, daß dieses Werk entstehen konnte, daß Sie es dem Künstler gestatteten, auf unsern Wunsch die Züge des allgeliebten und gefeierten Lehrers im Bilde festzuhalten. Dafür innigen herzlichen Dank!

Wie es Heinrich von Angely gelungen ist, seine herrliche Aufgabe zu lösen, der Mit- und Nachwelt August Wilhelm von Hofmann, den großen Mann und Forscher, den Begründer unserer Industrie, in seiner ganzen Eigenart im Bilde vorzuführen — das zeigt ein Blick auf dieses Meisterwerk. Es ist mit Liebe gemalt! Es lebt!

Bald wird an kunstgeweihter Stätte Ihr Bild bleibendes Eigentum der Deutschen Nation. Den fernsten Geschlechtern wird es künden, wer und was Sie gewesen sind!

An dem heutigen Tage aber, an welchem wir seine Vollendung begrüßen, sei es ein Ausdruck unseres Dankes für Ihre Wiederkehr nach Deutschland.

Wie Sie jetzt vor uns stehen, jugendfrisch an Herz und Geist, so mögen Sie, hochverehrter Meister, noch lange, lange Jahre unter uns weilen, wirken und schaffen, zum bleibenden Segen für das Schwesterpaar: Wissenschaft und Industrie!

Begrüßungsworte beim Festmahl im „Kaiserhof".

Hochverehrter Herr Geheimrat!
Geehrteste Gäste! Liebe Freunde und Kollegen!

Das Vorrecht des Alters hat das Zepter des heutigen Abends in meine Hände gelegt. Als einer der ältesten unter den hier anwesenden Vertretern der Deutschen Farbstoffindustrie, als Abgesandter der ältesten Deutschen Anilinfabrik, heiße ich Sie, meine Herren, alle auf das Herzlichste willkommen!

Ihnen, hochverehrter Herr Geheimrat, und Ihnen, unseren hochverehrten Gästen, sage ich den wärmsten Dank meiner Freunde und Fachgenossen für Ihre gütige Teilnahme an diesem Familienfeste der Deutschen Farbstoffindustrie! Wenn auch draußen auf dem Markte des Lebens ein ruheloser Wettbewerb die Triebfeder des geschäftlichen Handels und Wandels bildet, wenn auch oftmals unsere Wege sich durchkreuzen, unsere Interessen sich einander gegenüberstehen müssen, so fühlen wir uns doch jederzeit als Glieder einer Familie. Denn unsere gemeinsame Mutter war die Chemie! Das Haus, in dem wir gemeinsam wohnen, das uns stützt und schirmt, zu dessen Fortbestande und weithin sichtbarem Glanze auch wir nach Kräften beizutragen suchen, das wir farbenprächtig zu schmücken streben, dieses Haus ist das in Macht und Ehren wiedererstandene Deutsche Reich! Unsere Schwester aber ist die Wissenschaft.

So haben wir uns denn heute vom Deutschen Rhein, vom Main und dem Ufer der Spree zu einem traulichen und frohen Familienfeste zusammengefunden. Wir feiern unsern hochverehrten Lehrer und Führer, Herrn Geheimrat August Wilhelm von Hofmann. Wir begrüßen das 25jährige Jubiläum seiner Wiederkehr in unsere Mitte!

Und darum mache ich heute freudig Gebrauch von dem Vorrechte des Alters. Mein Zepter wandle sich zum weinumrankten Thyrsusstab! Ich fordere meinen verehrten Freund und Fachkollegen Herrn Dr. Martius, den ältesten der hier anwesenden Schüler Hofmanns auf, den Reigen der Trinksprüche zu eröffnen!

Erinnerungen an A. W. von Hofmann und seinen Einfluß auf die technische Chemie.

Vortrag gehalten in der Chemischen Gesellschaft zu Heidelberg, 20. Mai 1892.

Erst vierzehn Tage sind dahingegangen, seitdem die erschütternde Kunde von dem Tode Hofmanns die Welt durchflog. In den Herzen von Tausenden, hoch und niedrig, gelehrt und ungelehrt, diesseits und jenseits des Ozeans, fand sie ihren Widerhall. Wer hätte nie von August Wilhelm von Hofmann gehört? Die einen trauerten, daß ein Fürst der Wissenschaft, die anderen, daß ein Begründer, Förderer und Berater der Industrie, alle, daß ein Mann von wunderbar segensreicher Wirksamkeit aus dem Leben geschieden sei: Wer aber jemals in den Zauberbann dieses seltenen Mannes getreten war, als Schüler seinen Worten gelauscht, als Freund Beweise seiner herzgewinnenden Güte empfangen hatte, der fühlte, daß ihm ein Vater gestorben sei. Die Trauer war tief, wahr und allgemein. Wie manche stille Träne wurde ihm nachgeweint! Zwar wußte man, daß Hofmanns Leben längst die Grenzen überschritten hatte, welche der Mehrzahl der Sterblichen gesetzt sind.

Am 8. April 1818 in Gießen geboren, war er vor 4 Jahren an der Schwelle des Greisenalters angelangt. Sein 70jähriger Geburtstag gestaltete sich zu einer Kundgebung der Liebe und Verehrung, wie sie nur einem Familienoberhaupt zuteil wird, von nah und fern gedachte man des väterlichen Freundes, sandte Wünsche, daß sein teures Leben noch lange, lange Jahre erhalten bleiben möge.

Den Freunden entbot Hofmann dichterischen Gruß und Dank:

„Ein ‚Siebziger', als jüngst in froher Stunde
Die Freunde, alt und jung, ihn treu umstanden
Und Eich' und Lorbeer ihm zum Kranze banden,
Wie fühlt er glücklich sich in solchem Bunde!
Er dankt Euch aus der Seele tiefstem Grunde! —
Und als die Freunde auch in fernen Landen,
Ihn ehrend, teilnahmsvolle Worte fanden,
Wie dankbar schlug sein Herz bei solcher Kunde."

Und diesen Dank begleitete Hofmann mit einer Gabe, wie nur er sie spenden konnte. In seinem reich gesegneten Leben, war er in Deutschland, England, Frankreich, Italien, mit geistesverwandten Forschern in innige persönliche Berührung getreten — nennen wir nur die Namen seines großen Lehrers Justus Liebig, seiner Freunde: Friedrich Wöhler, Thomas Graham, Adolph Wurtz, Jean Baptiste, André Dumas, Gustav Magnus, Gustav Kirchhoff, Quintino Sella —, den Heimgegangenen hatte er Nachrufe gewidmet, jeder ein unvergängliches Denkmal „monumentum aere perennius", ihre Lebensschicksale, ihre wissenschaftlichen Forschungen, in denen sich der Entwicklungsgang der modernen Naturforschung, insbesondere der Chemie widerspiegelt, hatte er in ausführliche, von seiner liebevollen Hingabe, seinem rastlosen Fleiße beredtes Zeugnis ablegenden Biographien zu lebensvollen Zeitbildern verflochten, jedes durch seinen Inhalt ein Geschichtswerk, durch seine wunderbar vollendete Form eine Zierde der Literatur, vergleichbar den „Eloges" der großen französischen Akademiker. Diese Biographien, welche im Laufe der Zeit in den Berichten der von ihm gegründeten Deutschen Chemischen Gesellschaft erschienen oder von ihm in dieser von der Londoner Chemischen Gesellschaft oder bei der Enthüllung des Denkmals von Quintino Sella in Biena vorgetragen waren, hatte Hofmann — zum Teil in erweiterter Form — zu einem großen Werke zusammengefaßt, das er nunmehr den Freunden als Dank mit den Worten darbot:

„Und diesen Dank, o Freunde, Euch zu zollen,
Versuch' ich heute, eine freundschaftsreiche
Vergangenheit im Bild Euch zu entrollen.
Nehmt zum Gedächtnis dieses Buch; es zeige,
Was für Geschied'ne ich empfand, und künde
Den Lebenden, was ich für sie empfinde."

Ja, den Fachgenossen, alt und jung, brachte Hofmann stets ein warm empfindendes Herz entgegen, darin beruhte — man könnte sagen — der magnetische Einfluß, den er auf alle ausübte, welche in seine Anziehungssphäre traten, der große Erfolg seines Lebens als Lehrer, Schriftsteller, Forscher, Berater, Organisator. Und jetzt, wo dieses Herz zu schlagen aufgehört hat, sollten die Worte Hofmanns nicht bei den ihn überlebenden Freunden und Fachgenossen, sollten sie nicht auch hier in unserer kräftig emporblühenden Heidelberger Gesellschaft ihren dankbaren Nachhall finden? Hofmann war in das Greisenalter eingetreten, aber die Jahre hatten ihm nicht die Jugendfrische des Geistes und Körpers geraubt. Schwere Schicksalsschläge hatten wiederholt sein Familienleben getroffen, aber schnell war er wieder aufgerichtet, in der Wissenschaft, in der Arbeit fand er stets von neuem Trost und Stärke. Überbürdet mit den Pflichten seines Lehrberufs, seiner akademischen Tätigkeit, seiner zahlreichen amtlichen Stellungen, Gutachter der Regierungs- und Verwaltungsbehörden in schwerwiegenden Streitfällen, Seele und Mittelpunkt des chemischen Lebens in der Großstadt, auf das äußerste in Anspruch genommen durch Forschungen und literarische Arbeiten abwechselnd mit der Fürsorge für seine zahlreiche Familie — neun Kinder umstanden trauernd seinen Sarg —, belastet mit einer ausgedehnten Privatkorrespondenz und unabweisbaren gesellschaftlichen Verpflichtungen kannte Hofmann doch nicht die Ermüdung des Alters. Noch war die Arbeitsfreude nicht von ihm gewichen. Nach einem in regster Tätigkeit verbrachten Tage fand ihn die erste Morgenstunde noch an dem Schreibtisch. Spät heimkehrend von einem Feste, von einer Gesellschaft, wo er alles durch den Zauber seiner Rede oder seiner lebendigen und geistvollen, mit sprudelnder Laune und mit Rückerinnerungen aus seinem Leben gewürzten Unterhaltung entzückt hatte, von einer Sitzung in der chemischen Gesellschaft, in welcher er den Vorträgen mit dem intensivsten Interesse gefolgt war, nahm er die nimmer müde Feder zur Hand, durchsuchte, wie er scherzend bemerkte, die geologischen „Schichten" der hoch angehäuften Schriftstücke, Briefe und Drucksachen und dort in dem traulichen Gelehrtenstübchen in der Berliner Dorotheenstraße, dem einstmaligen Heim seiner Vorgänger Marggraf, Klaproth und Mitscherlich schrieb er mit den festen, seinen Freunden so wohlbekannten Schriftzügen die Erinnerungen des Tages nieder — meist auf losen Blättern, welche er sorgsam für spätere Zusammenstellung sammelte, und mit der ihm eigenen, keinen Aufschub kennenden Pünktlichkeit und Gewissenhaftigkeit erfüllte er die Pflichten der Korrespondenz und seines amtlichen und literarischen Berufs. Fast mit Entrüstung wies er dann die Bitte des besorgten Freundes zurück, sich zur Ruhe zu legen. „Noch fühle er sich jung." Welch' beneidenswert glückliches Alter! Es war aber die Frucht eines wohl verbrachten Lebens. Hofmanns großes Geheimnis war von früh an die weise Benutzung der Zeit.

Diese geistige Frische des großen Meisters prägte sich dann auch in seiner äußeren Erscheinung aus. Sie hatte nichts Greisenhaftes. Noch immer strahlten die blauen Augen in jugendlichem Feuer, der Gang, die Bewegungen waren schnell und elastisch. Weite Reisen brauchte er nicht zu scheuen. Hatte er doch noch vor 6 Jahren, bei der Eröffnung der North Pacific Eisenbahn den Nordamerikanischen Kontinent von dem Altantischen bis zu dem stillen Ozean durchmessen, war er doch in dem nördlichen Afrika gewandert, trug ihn doch sein Weg zur Ferienzeit fast Jahr um Jahr in das ihm von seiner ersten Jugendreise mit dem Vater her lieb gewordene Italien. Man mußte ihn von diesen Reisen erzählen hören! Mit voller Begeisterung interpretierte er des Dichters Wort:

Wem Gott will rechte Gunst erweisen,
Den schickt er in die weite Welt, dem will er seine
Wunder weisen.

Aber doch war der unaufhaltsamen Flucht der Jahre kein
Einhalt zu gebieten. Niemand wußte dies besser als Hofmann
selbst. Mit der Ruhe des Weisen war er stündlich auf seinen
Abschied vom Leben vorbereitet, jeder Tag war ihm ein dankbar hingenommenes Geschenk.

Eingedenk der Worte:

„Secure the shadow ere the substance fades."

beschlossen Freunde und Verehrer aus dem Kreise der durch
Hofmann geförderten Industrie, die jugendfrischen Züge des
Meisters im Bilde festzuhalten und dauernd der deutschen Nation zu bewahren. Ein äußerer Anlaß bot sich vor zwei Jahren
in den 25 jährigen Gedenkfeiern der Kekuléschen Benzoltheorie
und der Wiederkehr Hofmanns nach Deutschland dar. In
Heinrich von Angely — dem van Dyck unseres Jahrhunderts,
wie ihn Hofmann so treffend nannte — wurde der Meister gefunden, welchem wir die herrlichen Bilder von Hofmann und
Kekulé in der Nationalgalerie zu Berlin verdanken.

Angely versenkte sich mit Liebe in seine Aufgabe. Mit dem
genialen Blicke des wahren Künstlers erfaßte er den Grundzug
des Hofmannschen Wesens: die Liebenswürdigkeit, den Abglanz einer reinen heiteren Seele. Bei einem am Abend der
Enthüllungsfeier seines Bildes abgehaltenen Festmahle sagte
Angely: „Der große Gelehrte und Forscher Hofmann wäre
bereits gefeiert worden, er sei aber niemals einem liebenswürdigeren Menschen begegnet. Darum gelte sein Trinkspruch:
„Dem liebenswürdigen Manne!" Der Künstler hatte das
Richtige getroffen. Am Morgen desselben Tages waren die
Stifter des Bildes und zahlreiche Freunde in Hofmanns Wohnung versammelt. Hofmann dankte in beredten Worten:
„Die wohlwollende Anerkennung, welche dem alten Arbeitsgenossen gezollt werde, falle in den Spätabend seines Lebens
wie ein glänzender Lichtstrahl, welcher — der frohen Hoffnung

wolle er sich hingeben — den vordringenden Schatten noch einen Augenblick Halt gebieten soll."

Wehmütig durchzuckten diese Worte den Hörerkreis. Dort stand der allverehrte Mann, noch in voller Schaffenskraft, wie ein Jüngling, frisch an Geist. Und doch waren schon 72 Jahre seines Lebens abgelaufen. Wie lange konnte er uns noch geschenkt sein? Unwillkürlich summte der schwermütige Refrain in dem Ohr:

„Und scheint die Sonne noch so schön,
Am Ende muß sie untergeh'n".

Sie ist untergegangen, diese strahlende, erwärmende Sonne, welche ein halbes Jahrhundert lang die Wissenschaft durchleuchtet hat. Schneller als geahnt, haben die Todesschatten das edle Leben umnachtet!

Die letzten Sommerferien hatte Hofmann — wie schon früher — bei seinem Freunde und Schüler, dem Professor Luigi Gabba von der Mailänder Hochschule, in dessen am Fuße der lombardischen Alpen gelegenen Landhause zugebracht. Mit vollen Zügen genoß er die wohlverdiente Erholung von der Arbeit. Von dort schrieb er: „Ich wünschte, ich könnte in diesem Brief ein Stück von der Aussicht einschließen, welche sich jedesmal bietet, wenn ich von dem Papier aufblicke. Die ganze Kette der Alpen von dem Garda-See bis zum Monvilo breitet sich vor meinen Augen aus und dabei das wunderbarste Wetter. Die Welt sieht aus, als sei sie erst gestern erschaffen worden." Dieses nur ein Zug seiner Denk- und Empfindungsweise. Es war ihm Bedürfnis, auch den fernen Freund an seiner Freude teilnehmen zu lassen.

Auf der Rückreise, im Oktober, eilte Hofmann nach Heidelberg, um seinem sterbenden Freunde Hermann Kopp die Hand zum Abschied zu drücken. Vorher weilte er noch mit der von ihm zärtlich geliebten Gattin zwei Tage in Mannheim und Ludwigshafen. Dort machte er, mit dem höchsten Interesse an den Fortschritten der Technik, einen flüchtigen Gang durch die Werkstätten der Badischen Anilin- und Sodafabrik und in dem Haufe feines Neffen, unferes Mitgliedes Herrn Dr. Hofmann, wurde nach einem durch feine gute Laune froh belebten Mittagsmahle fein Bild — vielleicht fein letztes — durch den Sohn des Gaftfreundes aufgenommen. Dann folgte ein arbeitsvoller Winter. Insbefondere befchäftigte fich Hofmann mit dem Lebensbilde von Peter Grieß, feiner letzten, kurz vor feinem Tode erfchienenen biographifchen Arbeit. Mit welcher Hingebung, mit welchem Fleiße hat er dazu das weitzerftreute und fchwer zugängliche Material zufammengetragen, und wie hat er es verftanden, dasfelbe zu einem künftlerifch vollendeten Ganzen, zu einem ergreifenden Bilde von der läuternden und erlöfenden Kraft der Arbeit zufammenzuftellen. Aber wie wehmütig berühren auch die Eingangsworte den Lefer! Heißt es doch darin: „Wohl hat derjenige, welchem ein gütiges Gefchick der Tage volles Maß zuteil werden ließ, alle Urfache, für folch koftbare Gabe dankbar zu fein." Und weiter:

„Der dem Abfchied Nahende denkt hierbei an die fchweren Stunden, in welchen er fich zögernd die Abnahme feiner Kräfte eingeftand."

War dies nicht eine Vorahnung feines nahen Abfchieds?

Und wenn er dann am Schluffe fagt:

„Grieß hat das große Glück gehabt, in voller Rüftung von dem Schauplatz abzutreten."

Konnte er ahnen, daß ihm das gleiche Glück fo kurz darauf bevorftehen würde?

Bei Beginn der Ofterferien, Ende März, reifte Hofmann wieder nach Italien zu feinem Freunde Gabba. Das anfänglich herrliche Frühlingswetter fchlug aber bald um, es folgten rauhe kalte Tage und von einer fchweren Erkältung befallen, kehrte er am Schluß der Ferien heim. Aber feine wunderbare Natur beftand auch noch diefen Angriff, mit frifcher Luft ging er an die Arbeit. Doch waren feine Stunden gezählt. Am 5. Mai trat er „in voller Rüftung" von dem Schauplatz ab. Ein Lungenfchlag fetzte feinem Leben fanft und fchmerzlos ein Ende.

Tags darauf fchrieb mir fein treuer Affiftent, Herr Dr. Rofenthal: „Hofmann's letzter Tag war ein Arbeitstag, wie alle anderen Tage seines Lebens. Von 10—12 hielt er seine Vorlesung ab, 10 Minuten später war er in seinem Privatlaboratorium und arbeitete mit uns, seinen Assistenten, bis er um $^1/_2 2$ Uhr zu Tisch gerufen wurde. Nachmittags war er kurz nach 5 Uhr wieder bei uns oben, er gab noch Proben seines erstaunlich guten Gedächtnisses und war in ausgezeichneter Laune. Um 6 Uhr trennte er sich von seiner Arbeit, um Doktorexamina abzuhalten. Von 6—9 Uhr währte die Fakultätssitzung. Dann kehrte er heim und blieb bei bestem Humor im Kreise der Seinigen, bis ihn Atembeschwerden anfingen zu belästigen. Um $10^1/_2$ war er verschieden."

So endete dies reich beglückte Leben. Am darauffolgenden Montag, dem 9. Mai, bettete man den rastlosen Forscher in seine letzte Ruhestätte auf dem ehrwürdig alten Dorotheenstädtischen Kirchhofe, einer grünen, friedlich stillen Oase in dem Steinmeere der Großstadt. Von nah und fern waren seine Freunde herbeigeeilt, um ihm die letzte Ehre zu erweisen; wer nicht kam, sandte Zeichen seiner Teilnahme. Das Trauerhaus vermochte die Zahl der Trauernden, die Menge der Kranzspenden nicht zu fassen, Inland und Ausland, alle Schichten der Gesellschaft, alle Richtungen der Wissenschaft, der Kunst, der Industrie, der staatlichen und städtischen Behörden waren vertreten. Der Kaiser und der Arbeiter legten ihre Blumen am Sarge des Dahingeschiedenen nieder.

Und als die letzten Töne des Trauergesanges verklungen waren, sprach der greise Prediger, der alte Freund des Hauses:

„Selig sind die Toten, die in dem Herrn sterben von nun an. Ja, der Geist spricht, daß sie ruhen von ihrer Arbeit, denn ihre Werke folgen ihnen nach." (Offenb. Joh. Kap. 14, 13.)

In schlichten Worten, in ihrer Einfachheit zu Herzen gehend, entrollte dann der Redner das Lebensbild des großen Mannes und Gelehrten von der Wiege bis zum Grabe. Welch arbeitsvolles, erfolgreiches Leben! Man fühlt die Wahrheit der Worte: „Sie ruhen von ihrer Arbeit, denn ihre Werke folgen ihnen nach."

Und wie war dieser Mann aus dem Leben geschieden! Seine letzten Worte waren: Verzeihen möge ihm jeder, den er unabsichtlich jemals gekränkt habe.

Und nun noch einen Abschiedsblick in den sonst so heiteren, wohlbekannten Raum. Heute alles schwarz verhängt, jedem Sonnenstrahl der Eingang verwehrt, düsteres Licht der Kandelaber, in der Mitte die sterbliche Hülle des unvergeßlichen Meisters, hoch aufgetürmt darüber der Trauerschmuck der Friedenspalmen und der Kränze. Leise und schattenhaft halten die Freunde ihren letzten Umgang. Da sieht man die Charakterköpfe eines Mommsen, Werner von Siemens, Helmholtz, Dubois-Reymond. Und nun hinaus in die Frühlingssonne, unter der der Zug sich ordnet. An einem wundervollen Maientage, strahlend wie das Leben des Dahingeschiedenen gewesen war, wird ihm das letzte Geleite gegeben. Alt und jung folgen. Hier die Männer, mit denen, dort die hoffnungsvolle Jugend, für die er gewirkt hatte. Und so gewiß wie der Frühling wieder in das Land gekommen ist, wie nach der eisigen Umarmung des Winters die Erde sich wieder in ihr frisches Grün gekleidet hat, wie über dem Grabe Hofmanns der Fliederstrauch duftet und in den Zweigen Vöglein zwitschernd sich wiegen, so wird aus dem Beispiele, das sein Leben gegeben, und der Lehre, die er hinterlassen, immer neu sich verjüngend frische Saat hervorsprießen, andauernd neues Leben sich entfalten!

Ein teures Vermächtnis für die Hinterbliebenen ist es, dieses Leben, diese Lehren zu einem des großen Meisters würdigen Gesamtbilde zu gestalten. Aber wer vermöchte dies zu tun? Nur vereinte Arbeit kann zum Ziele führen. In dem Nachlasse hofft man Aufzeichnungen von Hofmanns Hand zu finden. Hatte er doch in dem Vorworte zu seinen gesammelten Gedächtnisreden geschrieben, daß er es versucht habe, die Vergangenheit in seinem Gedächtnisse wieder aufleben zu lassen und einige Begebnisse festzuhalten, welche möglicherweise den einen oder den andern interessieren könnten. ... Der vielfache Verkehr mit den auf demselben Gebiete tätigen Freunden mußte zu manchen Zwischenfällen führen, deren Kenntnis den Fachgenossen, zumal den jüngeren, willkommen, ja von Nutzen sein könnte.

Im November dieses Jahres sollte das 25jährige Jubiläum der Deutschen Chemischen Gesellschaft festlich begangen werden. Es war der Herzenswunsch von Hofmann's, noch an dieser Feier teilnehmen zu können. Aber der Festjubel wird nicht ertönen. Schon hat der Gedanke Anklang gefunden, diesen Erinnerungstag zu einer Gedächtnisfeier für den toten Meister zu gestalten. Bis dahin hofft man einen Überblick über seinen Lebensgang und die weitverzweigten Ergebnisse seiner Arbeiten auf dem Gebiete der Wissenschaft und der Industrie gewinnen zu können, um ihn in abgerundeter Form den versammelten Fachgenossen mitzuteilen.

Dieser Absicht darf von keiner Seite vorgegriffen werden. Doch ist es schon jetzt, wo der Blätterschmuck auf dem Grabe Hofmanns noch nicht verdorrt ist, nicht nur gestattet, sondern sogar geboten, einige Blätter der Erinnerung an seine Tätigkeit hinzuzufügen.

Aus dem Munde unseres verehrten Herrn Vorsitzenden (Victor Meyer) haben wir bereits in großen Umrissen eine Schilderung der wissenschaftlichen Forschungen Hofmanns vernommen; sei es mir erlaubt, den Einfluß seiner Arbeiten auf die technische Chemie in kurzen Zügen anzudeuten.

Sie wissen, daß Hofmann ein Schüler von Justus Liebig war, daß seine ersten Arbeiten von dem Gießener Laboratorium — damals der Zentrale der chemischen Forschung — ausgingen, daß er dort vor nahezu einem halben Jahrhundert den Doktorgrad erwarb. Auch wissen Sie, daß er, der Sohn eines Baumeisters, ähnlich wie Kekulé und Perkin, ursprünglich für das Baufach bestimmt war, sich aber auf der Gießener Universität zuerst den modernen Sprachwissenschaften, dann auch juristischen Studien zuwandte, bis ihn der glückliche Stern, unter welchem er geboren war, in die Nähe von Justus Liebig führte. Vielleicht ist es Ihnen aber nicht bekannt, daß hierzu eine Studentenschlittenfahrt, an welcher nach Gießener Sitte auch die Töchter und Schwestern der Professoren teilnahmen, den äußeren Anlaß bot. Der Zufall machte Hofmann zum Ritter der Schwester

Liebigs. Bei dem darauffolgenden pflichtschuldigen Besuch forderte Liebig den jungen Studenten auf, doch einmal in eine seiner Vorlesungen zu kommen, Hofmann kam und kam wieder und damit war sein Schicksal als Chemiker besiegelt.

Bedenkt man nun, daß Liebigs ganze Richtung dahin drängte, die Ergebnisse der wissenschaftlichen Forschung für die Bedürfnisse des Lebens nutzbringend zu machen, die Praxis mit der Theorie zu durchdringen, erinnern wir uns an seine Begründung der Agrikulturchemie und der durch sie hervorgerufenen Industrie der künstlichen Düngemittel, die ihrerseits wieder den Aufschwung der Schwefelsäureindustrie im Gefolge hatte, vergegenwärtigen wir uns, wie er wiederholt auf die künstliche Erzeugung der Krappfarbstoffe und des Chinins als lösbare technische Probleme hingewiesen hatte, wie das Gießener Laboratorium nicht nur von den Jüngern der Wissenschaft, sondern auch von Fabrikantensöhnen aus allen Industriezentren aufgesucht wurde, nennen wir nur den Namen des größten englischen Seifenfabrikanten Muspratt, so kann es nicht wunder nehmen, daß auch Hofmann, der Schüler, Assistent und Freund Liebigs bald sein volles Interesse der technischen Chemie zuwandte und zu lernen suchte, wo zu lernen war. Die erste Gelegenheit hierzu bot ihm bereits seine Promotionsarbeit „über die Basen im Steinkohlenteeröl", welche 1843 in Liebigs Annalen veröffentlicht wurde und nicht nur den Ruhm des jungen Forschers begründet, sondern — auch hier erkennen wir das Walten eines günstigen Schicksals — seiner Lebensarbeit die Richtung wies. Das Material für diese Untersuchung — es mußten 500 bis 600 Kilo schweres Steinkohlenteeröl verarbeitet werden, um daraus nicht ganz 2 Kilo des Basengemisches zu gewinnen — wurde von Hofmann in der Asphaltfabrik des Dr. Ernst Sell in Offenbach (der gegenwärtig Oehlerschen Fabrik) dargestellt, und die dort empfangenen Eindrücke übten ihren nachhaltigen Einfluß auf seine fernere Gedankenrichtung aus.

Das Ziel dieser klassischen, im Geiste und mit den Hilfsmitteln der exakten Liebigschen Forschungsmethode unternommenen Untersuchung war die Feststellung der Identität des von Runge in Oranienburg 1834 neben Karbolfäure, Pymol und Chinolin aus dem Steinkohlenteeröl isolierten, aber nur qualitativ unterfuchten „Kyanol" mit dem von Unverdorben 1826 durch trockene Deftillation des Indigos erhaltenen „Kryftallin", dem von Fritzfche 1840 aus Anteronilfäure erzeugten „Anilin" und dem kurz zuvor 1842 von Zuini mittels deffen neuer Schwefelammoniumreduktionsmethode aus dem Nitrobenzol von Mitfcherlich dargeftellten Benzidem. In heute noch muftergültiger Weife ftellte Hofmann durch Unterfuchung diefer Körper und ihrer Derivate deren Identität feft, und von nun ab bleibt fein Intereffe dauernd an das Anilin gefeffelt, das untrennbar mit dem Namen „Hofmann" verknüpft bleiben wird. In einer Reihe glänzender Unterfuchungen wurden dann die Beziehungen diefer Bafe zu dem Ammoniak nach allen Richtungen hin klargeftellt, die bei letzteren gewonnenen Erfahrungen auf das aromatifche Anim übertragen, in einer für die Entwicklung der Subftitionstheorie folgenreichen Weife die Subftitionsderivate des Anilins im Kern in der Amidogruppe dargeftellt.

Bereits die erfte Frucht diefer denkwürdigen Arbeiten ift die von der Societé de Pharmacie in Paris preisgekrönte Unterfuchung „über die Metamorphofen des Indigos", welche 1845 die Exiftenz organifcher Bafen kennen lehrte, welche Chlor und Brom enthalten. Hier werden wir, von den Subftitionsderivaten des Thaleins ausgehend, mit dem Chlor und Bromanilin bekannt. Daran fchließt fich die Entdeckung des Nitranilins aus dem Dinitrobenzol.

Heidelberger Chemische Gesellschaft.

Tischrede zum ersten Stiftungsfest auf dem Speyerer Hof bei Heidelberg am 25. Juli 1891.

Meine Herren!

Sind Ihre Gläser gefüllt? Heute feiern wir das erste Stiftungsfest unserer Gesellschaft; ein volles Glas ihrem Stifter! Dem Geburtstagskinde haben wir unsere Wünsche geweiht, gedenken wir seiner Eltern! Stolz blicken sie heute auf das Gedeihen ihres einjährigen Sprößlings, fürwahr, ein Wunderkind! Eine Minerva! Kaum dem Haupte des Vaters entsprossen, kann es schon denken und sprechen. Und wie geläufig denkt und spricht es in chemischer Sprache! Es schreibt's auf die Tafel. Sinnig betrachtet und dreht es das chemische Modell. Knallgas, Phosphorwasserstoff, trockene Diazoverbindungen, selbstentzündliches Bromacetylen sind ihm die liebsten Spielgefährten. Und dabei ist es nicht von des Gedankens Blässe angekränkelt. Es ist auch nicht farbenblind. Sein Appetit ist gut und sein Durst normal. Daher ist es stets fröhlich und guter Dinge. Es singt, und wenn es ein Hoch seinem Vater gilt, da jubelt es aus voller Brust mit kräftiger Lunge. Das werden wir gleich hören. Denn mein Spruch gilt dem Vater unseres Geburtstagskindes, unserm hochverehrten Vorsitzenden. — Vor nahezu 23 Jahren zog der jugendliche Assistent Bunsen's von hier aus, um nach einem Siegeslaufe sondersgleichen an die geweihte Stätte seines großen Meisters zurückkehren und in dessen Geiste zu lehren und zu forschen, der Jugend ein leuchtendes Vorbild, dem Freunde ein Freund. Aus aller Herzen ströme der Wunsch: möge die herrliche Musenstadt Heidelberg zur bleibenden Heimatstätte Victor Meyers werden, möge dieser gottbegnadete Forscher in stets sich erneuernder Frische des Körpers und Geistes dauernd hier wirken, möge der Stifter unserer Gesellschaft bei der jährlichen Wiederkehr dieses Tages auf Jahre ohne Zahl hinaus sich an dem Wachstum, dem Gedeihen seines Sprößlings freuen!

Und nun, meine Herren, die Gläser zur Hand! Nicht in rauschendem Salamander — überlassen wir die Reibung dem Physiker — sondern im dreifach donnernden deutschen Hoch feiern wir des Geburtstagskindes Vater. Unser hochverehrter Vorsitzender, Geheimrat Victor Meyer, Hoch!

Hauptverfammlung des Vereins deutfcher Chemiker in Darmftadt.
4. Juni 1898.

H. C. war erfter Vorfitzender des Vereines Deutfcher Chemiker von 1897—1901, zweiter Vorfitzender von 1901—1902 und wurde zum Ehrenmitglied erwählt auf der Hauptverfammlung zu Düffeldorf 1904.
Begrüßungsabend, 1. 6. 1889.

Werte Vereinsgenoffen!
Für die freundlichen Begrüßungsworte, die wir vernommen, geftatten Sie mir — in unfer aller Namen — dem verehrten Herrn Vorfitzenden des Darmftädter Lokalkomitees herzlichften Dank und Gegengruß darzubringen! Als man auf der vorjährigen, fo glänzend verlaufenen Hauptverfammlung in Hamburg fich mit dem Rufe trennte: „Auf frohes Wiederfehen in Darmftadt!", da wußte Jeder, daß dort unferem Verein diefer warme und herzliche Willkommengruß geboten werden würde. Das hatte man damals fchon aus den herzgewinnenden Worten des verehrten Herrn Vorredners herausgehört, mit denen er den Verein nach Darmftadt einlud. Und wenn er auch — vorfichtig und befcheiden — hinzugefügt hatte, „daß Darmftadt eine kleine Refidenz fei, die nicht foviel wie Hamburg zu bieten vermöge", fo wußte man doch, daß hier den Teilnehmern an der Verfammlung nicht minder reiche Genüffe geboten werden würden, wenn auch nicht ganz von derfelben Art, wie die, von denen der Vereinschronift aus jenen denkwürdigen Hamburger Fefttagen berichtet: „daß fie für manchen chemifchen Forfcher fchier überwältigend gewefen feien." Niemand erwartete hier, dem weltumfpannenden Verkehr der nordifchen Handelsmetropole wieder zu begegnen oder dem finnverwirrenden Ge-

wühl der mächtigen Ozeandampfer, ragender Schiffsmasten, Segel und Flaggen und einer endlos geschäftig treibenden wogenden Menschenmenge. — Dafür aber freute man sich darauf, wieder einmal in das liebe Süddeutschland zu kommen, hier an den Main, den Neckar, den Altvater Rhein, bei deren Namen schon jedes deutsche Herz in freudigerem Schlage sich regt. Und wenn uns dann der Darmstädter Gastfreund hinaufführen würde über die Rebenhügel und durch die herrlichen, rauschenden Wälder seiner Heimat, dann würde — so wußte man — zu unseren Füßen liegen das mit Recht so genannte „Paradies von Deutschland", die altberühmte Bergstraße, dahin sich streckend von Darmstadt bis zu Dir, „Alt Heidelberg, du feine, du Stadt an Ehren reich!" — und vor unseren Blicken, vom Haardtgebirge bis zum Taunus, von der uralten Kaiserstadt Speyer bis zu der Lutherstadt Worms und weiterhin zu dem „goldenen" Mainz: die grünende, blühende Rheinebene mit dem blinkenden Rheinstrom, die Rheinpfalz, der Rheingau — ein so wunderschönes Stück Gotteserde, so reich gesegnet, so voll großer geschichtlicher Erinnerungen, wie es kein schöneres gibt in unseren weiten, schönen deutschen Landen! Und doch ist dies nur der äußere Rahmen für unsere hiesige Versammlung. Aber Darmstadt selbst ist ein geweihter Boden für den Chemiker. Schon bei seinem Eintritt in diese Stadt muß er sich wohl und heimisch fühlen. Den ersten Gruß bringt ihm das eherne Standbild seines Justus Liebig dar! Hier stand die Wiege des unsterblichen Meisters, und hier ist auch die Geburtsstätte seines großen Schülers August Kekulé! Welchen bahnbrechenden Einfluß haben allein diese beiden Darmstädter Geistesheroen auf die gesamte wissenschaftliche und gewerbliche Entwicklung unseres Jahrhunderts der chemischen Entdeckungen ausgeübt! Aber noch zahlreiche andere Chemiker von Klang und Namen sind von hier ausgegangen. Nennen wir nur die schon dem Anfänger von seinen Lehrbüchern her wohlbekannten Namen: Adolf Strecker und Carl Schorlemmer! Und blicken wir um uns: dort, ein anderer Schüler Liebigs unser hochverehrter Vereinsvorsitzende, der Rektor der Universität Halle,

Herr Geheimrat Professor Doktor Jacob Volhard, ein echter Sohn dieser Stadt; hier, Herr Geheimrat Professor Dr. Wilhelm Staedel, der hochverdiente chemische Forscher, Lehrer und Leiter an der hiesigen weitberühmten Technischen Hochschule, und weiter unsere verehrten Gastfreunde, die Inhaber der Weltfirma Emanuel Merck, Herr Dr. Louis Merck, Herr Dr. Willy Merck, Herr Dr. Carl Emanuel Merck und — last not least — der verehrte Vorredner, unser Herr Dr. Emanuel August Merck: lauter eingeborene Darmstädter Chemiker, Sprossen aus einer in ihrer Art ganz einzig dastehenden altehrwürdigen Darmstädter Chemikerfamilie, in der seit mehr als zwei Jahrhunderten, von Vater auf Sohn, von Generation auf Generation, die Liebe zu unserer edlen Schwarzkunst und — wie der Augenschein lehrt — das warme Herz für unseren Chemikerstand sich fort und fort vererbt hat und — sprechen wir gleich den Wunsch aus — sich auf Jahrhunderte hinaus noch weiter vererben möge! Nun, meine verehrten Vereinsgenossen, ist dieses Darmstadt — diese Chemikerstadt „par excellence", wie unser unvergeßlicher August Wilhelm von Hofmann gesagt haben würde — nicht geradezu vom Schicksal für eine Versammlung Deutscher Chemiker prädestiniert? Fürwahr in diesen Mauern lebt und webt ein wundersamer Genius loci, ein chemischer Spiritus familiaris, der seit uralter Zeit hier eine Reinkultur von Chemikern gezüchtet hat. Woher er den ersten chemischen Bacillus nahm? Warum er hier für ihn den besten Nährboden fand? War es die gute Luft der Bergstraße? War es das Wasser? Nein, das Wasser war es nicht! Er war es auch, der unserem verehrten Herrn Dr. Merck vor Jahresfrist den weisen Gedanken, uns einzuladen, zugeflüstert hat, und damit übernahm er die Bürgschaft des Erfolges. Bei allen Beratungen des Festkomitees war er unsichtbar gegenwärtig, überall geschäftig mit Rat und Hilfe bei der Hand. Und so hat er uns heute abend froh zusammengeführt. Aus den liebenswürdigen Begrüßungsworten sprach seine Stimme zu uns und er wird auch ferner über dem harmonischen Verlauf des Festes walten, der gute chemische Schutzgeist des Orts, der Freund aller guten Chemiker!

Bei diesem Wort wird eine alte Erinnerung in mir wach. — Im Herbste 1861 tagte zu Manchester die englische Naturforschergesellschaft, die British Association. Kekulé, damals Professor in Gent, auf der Höhe seiner körperlichen und geistigen Kräfte und seines übersprudelnden, sarkastischen Humors war Gast von John Dale. Mir war es vergönnt, ihm als Führer in der fremden Stadt zu dienen. So kamen wir denn auch in das Owons College, in das Laboratorium von Professor Roscoe, wo uns dessen Assistent Carl Schorlemmer entgegen trat. Bei dem ersten Klang des unverkennbar heimischen Dialektes sagte Kekulé: Sie sind Darmstädter! Das freut mich. Da kommen ja alle guten Chemiker her. Auch ich bin aus Darmstadt! — Bedarf es noch einer größeren Autorität, um uns die glückliche Wahl des diesjährigen Versammlungsortes darzutun? Liegt nicht vielmehr für uns die Nutzanwendung des Kekuléschen Ausspruches auf der Hand: Wo alle guten Chemiker herkommen, da sollten auch alle hingehen, die es werden wollen! Nun, deshalb sind wir ja auch alle hier, dies ist der eigentliche Zweck der Hauptversammlung. Wenn wir uns wieder trennen, werden wir viel bessere Chemiker geworden sein, dafür sorgt das reiche Programm des Festkomitees. Ob auch bessere Menschen? Vertrauen wir uns hierin der Führung unserer holden Damen an! — Des alten Erfahrungssatzes eingedenk, daß der Erfolg eines Vereinsfestes im direkten quadratischen Verhältnis zu der aufgewandten Mühe stehe, hat das Festkomitee keine Mühe gespart, um dieser Hauptversammlung einen dauernden Erfolg zu sichern. Morgen früh schickt es uns schon auf die Technische Hochschule! Dort werden wir vieles hören, sehen und lernen, wovon wir uns früher nichts haben träumen lassen: Luft, Feuer, Wasser, Erde — alles anders als zuvor! Unsere Hauptaufgabe in diesen Tagen wird aber sein: ein gemeinsames chemisches Praktikum in der Vereinssynthese d. h. in dem Aufbau eines vieltausendatomigen lebendigen und vernunftbegabten Vereinsmoleküls, das aus sich selbst heraus zu immer größerer Ehre des deutschen Namens wachse, blühe und gedeihe! Heute abend machen wir nach gutem chemischen Brauch dazu die erste Vorprobe, den ersten Tastversuch. Vor allem prüfen sorgsam wir die Güte und die Reinheit unserer Reagentien. Und da raunt uns unser lieber unsichtbarer Freund, der chemische spiritus familiaris dieses Ortes zu: Moderne Chemiker habet acht; dort oben auf der Großherzoglichen Bibliothek hab ich jahraus, jahrein, seit alter Zeit die Wissensschätze Eurer Ahnen, der Alchimisten aufgehäuft. Fanden sie auch nicht im Irrlichtschein der falschen Theorie den Stein der Weisen, den Ihr jetzt gefunden habt, indem Ihr aus schwarzem Teer der Blumen Farbenpracht und -duft, heilkräftige Mittel und — das Gold der Dividenden schafft, so dankt Ihr ihnen doch die ganzen Fundamente Eures stolzen Baus, vor allem aber auch die goldene Regel: Corpora non agunt nisi soluta! Vergesset nur das „Lösungsmittel" nicht, ohne das auch unser heutiger Vorversuch nicht die nötige Reaktionstemperatur erlangen kann. Hier steht es vor uns. Messe jeder davon mit quantitativer Genauigkeit das seiner eigenen Molekulargröße, Sättigungskapazität oder Valenz entsprechende Volumen ab, ergreife dann sein Meßgefäß — und trink es fröhlich leer auf das Wohl des Festkomitees und seines verehrten Vorsitzenden, Herrn Dr. Emanuel Merck! Sie leben Hoch!

II.

Hochgeehrte Herren!

Für Ihre gütigen, unsere Vereinsbestrebungen so warm anerkennenden Worte gestatten Sie mir, Ihnen den herzlichen Dank der Versammlung darzubringen! Ihre gewichtigen Worte werden in unserem ganzen Verein einen dankbaren und freudigen Widerhall finden. Sie sind der beredte Ausdruck für die Solidarität unserer gemeinsamen Interessen. Gemeinsam ist uns die Liebe zum Vaterland, gemeinsam die Pflicht, — jeder an seinem Platz, jeder nach Kräften, jeder den andern unterstützend — zu der Ehre und Wohlfahrt des deutschen Namens beizutragen. In der gerechten Freude an den gemeinsam errungenen Erfolgen sind wir uns auch gemeinsam der unserer noch wartenden Aufgaben und der uns umgebenden

Gefahren bewußt. Das Ausland macht die größten Anstrengungen, um den von uns auf vielen Gebieten und namentlich auf dem der chemischen Industrie trotz ungünstigerer Produktionsbedingungen erreichten gegenwärtigen Vorsprung wieder einzuholen. Videant Consules! Rücken an Rücken müssen wir zusammenstehen, um unseren inneren und äußeren Feinden gegenüber der deutschen Industrie und dem deutschen Handel das geistige Übergewicht und den Weltmarkt zu erhalten. Sie erwarten, daß auch unser Verein seine Schuldigkeit tun werde. Wir versprechen es Ihnen und danken für Ihren, uns Mut, Zuversicht und Vertrauen spendenden Zuspruch.

III.
Ansprache beim Festmahl (2. 6. 1898).

Hochverehrte Festversammlung!

Vorüber ist des Tages ernste Arbeit. Heitere Geselligkeit und Frohsinn treten jetzt in ihre Rechte ein. Im Glase funkelt hell des Rheines Gold. Wem gilt der erste Trunk? Wem gilt der erste Spruch?

In diesem Kreise, hochgeehrt durch die Teilnahme holder Frauen, edler Gäste, löst das Vereinsband sich und es umschlingt ein neues weiteres Band die Geister und die Herzen. Der Chemiker erkennt, daß es noch Höheres gibt als still belauschen der Natur Gesetze, zu Dienern sich zu machen ihre Kräfte und in Retorten, Kolben, Schalen zu scheiden was verbunden und zu binden was getrennt, aufbauen aus Atomen Moleküle, aus Formeln sich zu schaffen seine Welt. Hier fallen des Berufes enge Schranken, ein jeder tritt aus seinem Kreis heraus, des Staates und des öffentlichen Wohles Hüter, der Gelehrte, der Mann des Handels und der Industrie — bei diesem Mahle tagt nur ein Verein von Deutschen!

Und heller funkelt in dem Glas des Rheines Gold. Versteht Ihr seine Sprache? Nun, so hört:

209 Jahre führ' ich Euch zurück. Wir stehen auf des Meli- (1689) bokus Gipfel und weit hinaus schweift unser Blick.

„Der Strom dort vor uns?" Deutschlands Grenze! „Die Glut am Himmel?" Heidelberg! „Und wo sind Speyer, Mannheim, Worms?" In Trümmern! „Die blühende Pfalz?" Dort, jene Wüstenei!

(1870) 181 Jahre sind entschwunden. Kein deutscher Kaiser grüßet mehr den Main. Da weht ein seltsam Klingen durch die Lüfte, wie Sturmwind brauft es. — Horch: „Die Wacht am Rhein!" Die Banner wehen und die Waffen blitzen, all Deutschland zieht zum Kampf, das Reich zu schützen. —

(1883) Und wiederum nach 13 Jahren führ' ich Euch auf des Niederwaldes Höh'.

Welch' festliches Gedränge, Sonnenglanz und Freude! All Deutschland ist geeint, der Rhein jetzt Deutschlands Strom, nicht länger seine Grenze; vorbei die schreckliche, die kaiserlose Zeit! Enthüllt: Das Standbild der Germania, in ihrer Hand die Kaiserkrone. Dort — der greise Heldenkaiser, rings um ihn: die deutschen Bundesfürsten. Seht, jetzt reicht er dankbar seine Hand dem Herrscher dieses treuen Hessenlandes!

(1898) Und nun blickt heute um Euch! Welche Segnungen des Friedens, welch sonnig Bild des blühenden Verkehrs!

Geschirmt durch unsere hochgesinnten Kaiser, von unsern Landesherrschern treu gepflegt entfalten sich alle Kräfte unseres Denkervolkes. Der Wissenschaft, der Kunst erwuchsen neue Stätten, mächtig regt der Erfindungsgeist die Schwingen, wetteifernd ringt Chemie mit der Mechanik um den Preis — und in die fernsten Länder tragen deutsche Schiffe, erbaut auf deutscher Werft die Werke unserer deutschen Industrie! Und alle, hoch und niedrig, reichen sich die Hände, auf daß die Macht, der Glanz, der Ruhm des deutschen Namens nimmer ende!

So spricht zu uns des Rheines Gold im Glase! Wir aber kennen jetzt das Band, das uns heut alle liebend hier umschlingt, das Geist zu Geist und Herz zu Herzen bringt: Das teure

Vaterland, das neu erstanden, aus Schutt und Trümmern und der Knechtschaft Banden! —

Sagt, Fachgenossen, ist von unsern chemischen Synthesen je eine herrlicher als die des deutschen Reichs gewesen?

So weihen wir den ersten Trunk des goldenen Rheinweins und den ersten Spruch in treuer Dankbarkeit und Liebe den weisen und erhabenen Lenkern der Geschicke des Deutschen Reichs und dieses schönen Landes, den mächtigen Schirmherrn ihres Friedens, ihres Glückes! Gott schütz' und segne Seine Majestät, den Deutschen Kaiser Wilhelm II. und Seine Königliche Hoheit Ernst Ludwig, Großherzog von Hessen und bei Rhein! Sie leben hoch!

Hauptversammlung Deutscher Chemiker zu Königshütte (Oberschlesien).
24.—28. Mai 1899.

Begrüßungskommers: 24. 5. 1899.

I.

Verehrte Freunde und Fachgenossen!

Für die freundlichen Begrüßungsworte, die wir vernommen, gestatten Sie mir, im Namen des Hauptvereins und seines Gesamtvorstandes, dem verehrten Vorsitzenden unseres lieben Oberschlesischen Bezirksvereins herzlichen Dank und Gegengruß darzubringen. Wie leuchtender Sonnenschein fiel sein gastlicher Empfang in unser Herz und dem Bergmanne gleich, der aus tiefem Schachte wiederkehrend froh das helle Tageslicht begrüßt — begrüßen auch wir, nach langer Fahrt aus allen, auch den fernsten Teilen Deutschlands hier vereint, das herzliche Willkommen unseres lieben Schlesischen Gastfreundes mit einem fröhlichen Glückauf in Oberschlesien! — Glück auf!

Wir bringen viele Grüße aus der Heimat mit! Allen, die nicht selbst kommen konnten, denen der Weg zu weit, die Zeit zu kurz, das Fernbleiben von Haus und Werkstatt im Drange der Berufsarbeit nicht möglich war, sie alle, alle weilen heute mit uns hier im Geiste. Die ganze, große Familie des Vereins Deutscher Chemiker vom Fels zum Meer, vom Rheine bis zur Weichsel, ja über Deutschlands Grenzen hinaus, läßt durch uns die lieben Oberschlesischen Brüder und Verwandten herzlichst grüßen!

Dieses Gefühl der verwandtschaftlichen Zusammengehörigkeit unserer Vereinsmitglieder und Bezirksvereine, das war es,

was auf der vorjährigen Hauptversammlung in Darmstadt —
wie die schöne Einladungsschrift des verehrlichen Festkomitees
mit berechtigtem Stolze hervorhebt — die einstimmige
und freudige Annahme der an uns ergangenen Einladung
nach Königshütte veranlaßt hat. Man rief uns — und wir
wußten, daß es herzlich gemeint war. Aber mehr noch: Wir
fühlten, daß es unsere Pflicht war, diesem Rufe zu folgen.

Einen eigentümlichen Reiz gewähren die jährlichen Wanderversammlungen unseres großen Vereins. Jeder seiner Bezirke
hat ein eigenartiges Gepräge. An jedem neuen Ort enthüllt
sich uns ein neues Bild der wissenschaftlichen und gewerblichen
Tätigkeit der einzelnen deutschen Volksstämme. Das Gesamt-
bild vervollständigt sich von Jahr zu Jahr. Es zeigt uns das
deutsche Volk in seiner Arbeit! Und überall sind unsere Fachgenossen die bereiten Führer. Die Achtung, die sie selbst an der
Stätte ihres Wirkens sich erworben haben, öffnet uns die sonst
verschlossenen Pforten. Jeder wetteifert mit dem andern, uns
einen Einblick in sein Arbeitsfeld zu geben. Überall zeigt sich
das Walten der vereinten Wissenschaft und Technik. Da erweitert sich der Blick und schweift über die Grenzen der eigenen
Berufstätigkeit hinaus, man prüft und vergleicht, erkennt mit
freudigem Stolz den mächtigen Aufschwung unserer deutschen
Industrie, und nicht nur Wissensschätze trägt man heim, sondern
auch erneute Lust und Liebe an der eigenen, wenn auch noch
so kleinen Arbeit für das deutsche Wohl.

Hier, in der äußersten südöstlichen Gemarkung unseres
Deutschen Reichs, hier, wo drei mächtige Kaiserreiche aneinander
grenzen, hat deutsche Art, deutscher Fleiß, deutsche Tatkraft
und deutsche Wissenschaft ein mächtiges Bollwerk gegen fremde
Mißgunst zur Ehre des deutschen Namens, zur Mehrung deutscher Wohlfahrt, zum Schutz und Trutz der deutschen Arbeit in
dem Ringen und Wettbewerb der Völker aufgerichtet. Hier
in der weltberühmten Oberschlesischen Berg- und Hüttenindustrie lebt und wirkt ein eisernes Geschlecht. Tief in dem
Schoß der Erde lagert in unerschöpflichem Reichtum die Kohle
und das Erz. Der Bergbau trägt die Schätze an das Licht. Aus

ihrem äonenlangen Schlummer erweckt die Chemie fie dann zu neuem Leben, zu neuem Kreislauf in der Natur. Nur aus der Werkſtatt der Zyklopen wandert das auferſtandene Metall, geformt, veredelt durch die Kunſt des Ingenieurs hinaus auf ſeine tauſendfältige, wohltätige und zerſtörende Miſſion. Überall künden mächtige Hüttenwerke, flammende Öfen, ragende Eſſen, daß hier, geleitet und gelenkt von kundiger Hand, die chemiſchen Kräfte ſinnvoll walten. — Und dieſe Hand unſerer hieſigen Fachgenoſſen, unſeres treu bewährten, drittälteſten Bezirksvereins, ſie ſtreckte ſich zu uns und lud uns ein, die Wunderwerke ihrer Oberſchleſiſchen Induſtrie zu ſchauen. Und in dieſe uns ſo herzlich dargebotene Hand hätten wir nicht alle freudig einſchlagen ſollen? Weil der Ruf aus ſo weiter Ferne kam? Gerade deshalb war es — ſo dachten wir — unſere Pflicht, auf ihn zu hören. Wer an der deutſchen Sprach- und Landesgrenze ſo treu und hoch das Banner des Deutſchtums und der deutſchen Wiſſenſchaft entfaltet, dem darf der Zuſpruch des Vereins ſeiner deutſchen Fachgenoſſen niemals fehlen.

So ſind wir denn gern hierher gekommen und eine Reihe genußreicher Tage wartet unſer. Das faſt überreiche Feſtprogramm zeigt uns, mit welcher außerordentlichen Sorgfalt der einladende Verein bemüht geweſen iſt, „die Tage von Oberſchleſien" zu einem leuchtenden Kapitel in der Geſchichte des Vereins zu geſtalten. Dank dem unermüdlichen Feſtkomitee, dank aber auch dem wohlwollenden Entgegenkommen der ſtaatlichen und ſtädtiſchen Behörden und der Verwaltungen der großen Werke wird uns ein unvergeßliches Geſamtbild der Oberſchleſiſchen Induſtrie und der ſchleſiſchen Gaſtfreundſchaft geboten werden.

Zugleich aber auch, verehrte Vereinsgenoſſen, ein wunderſames Gegenbild zu unſerer vorjährigen Darmſtädter Hauptverſammlung! Dort ſtanden wir an der Geburtsſtätte von Liebig und Kekulé. Nach ernſter Arbeit führte uns der Weg hinauf in den ſagenumwobenen Odenwald. Wir ſahen den blinkenden Rheinſtrom zu unſeren Füßen, lauſchten dem fernen Sange der das Rheingold hütenden Nixen und tranken das flüſſige Gold, das uns die holden Rheintöchter kredenzten.

In diesem Jahre steigen wir hinunter in das dunkle Schattenreich der Nibelungen. Geführt von Alberich und Mime durchwandern wir die schimmernden Erzreviere. Schwarze Erdgeister huschen an uns vorüber, die Essen sprühen, die Hämmer sausen. Hier schweißt man des neuen Deutschen Reiches Nibelungenhort! Und wer kredenzt uns hier den Trunk?

Auf dem Festprogramm steht: „Begrüßungskommers, veranstaltet vom Oberschlesischen Bezirksverein". Die „Veranstaltungen" grüßen uns bereits aus dem prächtigen Laub- und Flaggenschmucke dieses Saales, aus den rauschenden Klängen der Festesweisen und den schäumenden Gläsern. Und doch weilt das Beste noch still und unsichtbar unter uns. Bei dem Klange des Namens „Kommers" wird in uns die Erinnerung an die schöne, seelige Jugendzeit unserer akademischen Lehrjahre wieder wach. — O alte Burschenherrlichkeit, wohin bist du entschwunden?! Nur der Deutsche kennt die ungestillte Sehnsucht nach der Alma mater, die meist uns liebevoll in ihren Armen trug. Diese Erinnerung an die glückliche, gemeinsam verlebte Akademische Jugend bildet den ureigensten, unbewußten und geheimnisvollen Vereinigungstrieb in unsere deutschen wissenschaftlichen Vereine. Dort erneuert sich das frühere Band. Der Most der Studienjahre ist zum Wein geworden. In jeder Versammlung grüßen sich alte Freunde und Kommilitonen. Die „alten Herren" werden wieder jung. Jeder denkt aufs neue an seine alte liebe Alma mater. Und alle diese Almae matres unserer einstigen deutschen Hochschulen hat heute unser Schlesischer Gastfreund zum Kommers hier eingeladen. Still und unsichtbar sind sie unter uns getreten. Statt der schelmischen Rheintöchter des vorigen Jahres kredenzen heute unsere alten, lieben Mütter uns den Trunk. Vertrauen wir uns freudig ihrer mütterlichen Fürsorge an!

Verehrte Freunde und Fachgenossen!

Ein Kommilitone von 94 Semestern fordert Sie auf, Ihre Gläser zu präparieren und mit ihm — wie es sich hier, im Flammenreiche der Zyklopen geziemt — einen feurigen Salamander auf das Wohl des Oberschlesischen Bezirksvereins, seines unermüdlichen Festausschusses und seines hochverehrten Herrn Vorsitzenden zu reiben! Ad Exercitium Salamandri! —

II.
Eröffnungsansprache 25. Mai 1899.

Hochansehnliche Versammlung!

Im Namen des Vorstandes des Vereins Deutscher Chemiker, auf dessen Einladung Sie hier versammelt sind, beehre ich mich Ihnen, hochverehrte Herren, Freunde und Mitglieder des Vereins, herzlichen Willkommengruß und Dank für Ihr zahlreiches Erscheinen darzubringen.

Ehrerbietigsten Dank den hohen staatlichen und städtischen Behörden dieses Landes für ihr wohlwollendes und förderndes Interesse an dieser ersten Hauptversammlung des Vereins in dem ihrer weisen Obhut anvertrauten Oberschlesien!

Herzlichen Dank dem Ehrenkomitee, unter dessen Patronat wir tagen und das die glänzenden und weithin bekannten Namen der Leiter und Vertreter des Oberschlesischen Gewerbfleißes in sich schließt. Dankbar erkennt der Verein in der seiner Hauptversammlung so bereitwillig zu teil gewordenen Ehrung den Ausdruck der Anerkennung, den seine Bestrebungen und insbesonders auch die seines hiesigen Bezirksvereins in diesem mächtigen Industriebezirke finden.

Herzlichen Gruß und Dank allen Freunden und Mitgliedern des Vereins, die durch ihre werktätige Teilnahme an dieser Versammlung seine Ziele fördern. Vor allem Dank den Verwaltungen der industriellen Werke, deren Pforten sich unserem Verein willig öffnen. Auf der Durchwanderung der in so reicher Fülle unseren Mitgliedern zur Einsicht gestellten Werke werden Sie einen unverlöschlichen Eindruck von dem Zusammenwirken von Wissenschaft und Praxis in der weltberühmten Oberschlesischen Berg- und Hüttenindustrie empfangen. Dieser Eindruck, die Anregungen, die sich dem denkenden Sinne hier auf Schritt und Tritt darbieten, der persönliche Verkehr mit den Leitern der mächtigen Betriebe, der Meinungsaustausch zwischen den Männern der Wissenschaft und Technik, endlich der Stolz, der jedes deutsche Herz beim Anblicke dieser gewaltigen deutschen Arbeitsleistung erfüllen muß — alles dies wird seinen befruchtenden Einfluß auf das Vereinsleben, auf die Arbeiten des Einzelnen und der Gesamtheit ausüben und — wir hoffen es — auch von segensreicher Rückwirkung auf den blühenden Gewerbfleiß dieses gastlichen Landes sein.

So bringt der Gesamtverein auch herzlichsten Dank seinem verehrten Oberschlesischen Bezirksverein und dessen unermüdlichem Festausschusse dar, dem er die Einladung nach Oberschlesien und die ihm in so überreicher Fülle und mit so echt schlesischer Herzlichkeit dargebotenen Genüsse für Geist und Gemüt verdankt!

Verehrte Vereinsgenossen!

Ehe wir in unsere Verhandlungen eintreten, bitte ich Sie, durch Erheben von Ihren Sitzen den Ehrengästen des Vereins unseren Dank für ihre gütige Teilnahme an der Versammlung zu bekunden. So erkläre ich denn die diesjährige Hauptversammlung des Vereins Deutscher Chemiker in Königshütte für eröffnet! Sie ist die letzte in diesem Jahrhundert.

Was dieses Jahrhundert für die Entwicklung nicht nur der angewandten Chemie, sondern der Chemie überhaupt und nicht nur der Chemie, sondern der gesamten Naturwissenschaften und ihres umgestaltenden Einflusses auf unser ganzes Leben, unser Denken und Handeln, auf unsere Bedürfnisse, auf Verkehr und Industrie bedeutet, das habe ich in diesem Kreise kaum anzudeuten, dem viele angehören, die zu dem vor einem Jahrhundert für unglaublich und märchenhaft gehaltenen Fortschritte selbst bahnbrechend und rastlos fördernd beigetragen haben. Spricht doch auch unsere ganze Umgebung mit Flammenschrift zu uns! Die Entwicklung dieser unvergleichlich großartigen Industrie hat, wie wir aus dem beredten Munde des verehrten Vorsitzenden unseres Oberschlesischen Bezirksvereins hören werden, erst in diesem Jahrhundert des Dampfes auf wissenschaftlicher Grundlage sich vollziehen können. Wer heute zurückblickt auf die Chemie dieses Jahrhunderts, der sieht wie von einer hohen Bergspitze herab über die niederen Berggipfel bis zu dem in grauer Nebelform verschwindenden Flachland. Wer dann den Blick ahnungsvoll richtet auf das kommende Jahrhundert, der sieht noch höhere Bergriesen in unbestimmten Umrissen sich auftürmen. Nur da hinauf führt unser Weg! Was auch kommen mag, noch größere Aufgaben, noch größere Erfolge warten des Forschers. „Vorwärts!" ist seine Losung! Da heißt es den Sinn, die Kräfte, das Wissen und Können stärken. Und dieses zu fördern ist auch die Aufgabe des Vereins Deutscher Chemiker. Möge die nächste Hauptversammlung im neuen Jahrhundert schon davon Zeugnis ablegen, daß er seine hohe Aufgabe begriffen, daß er mit vereinten Kräften vorwärts geschritten ist seit den schönen Tagen von Königshütte!

III.
Ansprache beim Festmahl. 25. Mai 1899.

Meine Damen und Herren!

Gestatten Sie mir, hochverehrte Ehrengäste, Freunde und Mitglieder des Vereins Deutscher Chemiker, Sie bei diesem Festmahle unserer ersten Hauptversammlung in Oberschlesien im Namen des Vereins herzlichst zu begrüßen! Möge Frohsinn über diesem Feste walten! Und noch in späten Jahren bleibe eine sonnige Erinnerung an gemeinsam verlebte glückliche Stunden in Ihnen allen zurück!

Weihen wir nun nach altem, schönen Brauche dankbaren Sinns unser erstes Glas und unseren ersten Trinkspruch dem erhabenen Herrscher, unter dessen Schutz wir froh und glücklich beieinander weilen.

Wohin der Blick sich wendet, werden wir zu Dankbarkeit gemahnt.

Aus langem, tiefem Verfall erstand vor einem Jahrhundert zu neuem Leben der Gewerbfleiß dieses schönen Landes. Der große Preußenkönig Friedrich, der Schlesien, die schönste Perle seiner Krone, in heißem Ringen gegen eine ganze Welt von Feinden gewann und festhielt, bahnte auch mit scharfem Blick von neuem den Weg zu den verlassenen Bodenschätzen, die in unvergleichlichem Reichtum hier im Schoße der Erde ruhen. Des Staates weise Fürsorge für den Oberschlesischen Bergbau war das frische Lebensblut, das den Gewerbfleiß dieses Landes neu belebte. Der junge Riese „Dampf" tat bald das Seine. In ungeahnter Fülle hob er durch seine nimmer müde Kraft zu seiner eigenen Nahrung und zum Schmelzen der Metalle die vordem kaum gekannte Kohle aus den tiefen Schächten. Und mit ihr wuchsen Hüttenwerke aus der Erde. Aus Koks- und Hochöfen loderten die Flammen durch die Nacht. Von weither kam man, um die neuen Wunder im Jahrhundert der Dampfkraft anzustaunen. — Das Erbe des großen Friedrich ist von den Trägern seiner Krone treu gehütet und gemehrt worden. Unter der Obhut der Hohenzollern erblühte die gewaltige Oberschlesische Berg- und Hüttenindustrie. Des Staates Musterwerke weckten den Unternehmungsgeist. Des Staates weitschauende Fürsorge gab der Industrie ihre mächtigste Triebkraft: Die wissenschaftliche Erkenntnis ihrer Lebensbedingungen. Den Hochschulen des Staates und den aus ihnen hervorgegangenen Lehr- und Arbeitskräften verdankt die heutige Industrie ihren Erfolg im Wettbewerb der Völker.

Dankbar und bewundernd blicken wir auf zu dem hochgesinnten königlichen Herrscher, der in klarer, fast prophetisch zu nennender Erkenntnis der hohen Kulturaufgaben und der treibenden Kräfte unserer Zeit, mit offenem Sinn und warmem Herzen für alles Große und mit stets bereiter, kräftiger Hand den Fortschritt der angewandten Naturwissenschaften auf allen Gebieten mächtig fördert und gewillt ist, in seinen Landen die Technik und ihre Lehre zum Range einer ebenbürtigen Schwester der Wissenschaft emporzuheben. Und wenn sich heute hier der Verein Deutscher Chemiker der erfolgreichen Mitarbeit seiner Vereinsgenossen an den großen Aufgaben und Zielen der Oberschlesischen Industrie erfreut, so gedenkt er auch dankbar des kaiserlichen Schirmherrn, dessen stark bewehrter Arm der deutschen Arbeit die Segnungen des Friedens und den Weltmarkt sichert.

Hier der Ort, auf dem wir stehen, mahnt uns an eine große Zeit, in der einst die drei Nachbarvölker, deren nahe Grenzen sich berühren, treu verbündet zu einander standen und in der großen Völkerschlacht Europa von dem Zauberbanne des fremden Unterdrückers und Eroberers befreiten. Dort auf der Walstatt zu Leipzig reichten sich die Kaiser von Oesterreich und Rußland und der König von Preußen ihre siegreichen Hände. Jetzt nennt man den nahen Grenzpunkt ihrer Reiche: „Drei Kaiserreiche".

Seit jener Zeit ist Deutschland zu neuem Glanz und Ruhm wieder auferstanden. Der gewaltigste Synthetiker dieses Jahrhunderts verband durch Blut und Eisen die getrennten Moleküle. Unter Preußens Führung zog das geeinte Deutschland in den Kampf. Der Kampfpreis war die deutsche Kaiserkrone! Den Frieden schirmt fortan das deutsche Schwert aus deutschem Stahl. Die deutsche Flagge flattert auf den fernsten Meeren.

Hochverehrte Versammlung!

Lassen Sie uns nun dankbaren Sinns beim ersten Festmahl des Vereins Deutscher Chemiker in Oberschlesien das erste Glas in herzlicher Liebe und Verehrung dem Wohle des erhabenen Herrschers dieses Landes, dem Schirm- und Schutzherrn unseres Deutschen Reiches weihen!

Gott segne und schütze Seine Majestät, Wilhelm den Zweiten, König von Preußen und Kaiser von Deutschland!

Hauptversammlung des Vereins Deutscher Chemiker zu Hannover.
(6.—9. Juni 1900.)

I.
Begrüßungsansprache
im alten Rathaussaale in Hannover, 7. Juni 1900.

Hochansehnliche Versammlung!

Zu hoher Ehre und Freude wird heute mir die Pflicht des Vorsitzenden, die hier erschienenen Ehrengäste und Freunde des Vereins Deutscher Chemiker in seinem Namen herzlich zu begrüßen und ihnen zu danken für ihre geneigte Teilnahme an seiner diesjährigen Hauptversammlung in Hannover!

Ihnen, liebe und werte Vereinsgenossen, die Sie, dem Rufe des Vorstandes folgend, aus allen Teilen unseres Vereinsgebietes zahlreich und arbeitswillig hierher gekommen sind, entbiete ich im Namen des Vorstandes herzlichen Willkommengruß!

Besonders herzlichen Gruß unserem hochverehrten Ehrenmitgliede, Herrn Geheimrat Dr. Clemens Winkler aus Freiberg. —

Willkommen hier unter dem gastlichen Dache der Stadt Hannover, in der einst die erste Hauptversammlung des Vereins tagte.

Willkommen in diesem altehrwürdigen Rathaussaale, wo uns Erinnerungen an Deutschlands große Vergangenheit umgeben, aus dessen bilderreichem Schmucke die glänzenden Zeiten der deutschen Hansa zu Land und Meer auf uns herniederschauen, mahnend die Gegenwart, das Erbe der Väter nicht zu vergessen und zu dem neu errichteten Bau des Deutschen Reiches Stein auf Stein in vereinter Geistesarbeit herbeizutragen.

Möge auch dieser, unserer zweiten Hauptversammlung in Hannover, ein werktätiger Anteil an dem hehren Bau beschieden sein!

Ehe wir in unsere gemeinsame Arbeit eintreten, gestatten Sie mir, verehrte Vereinsgenossen, in unser aller Namen ehrerbietigsten Dank den hohen staatlichen und städtischen Behörden darzubringen, die gastfreundlich uns in dieser schönen und gewerbfleißigen Provinz Hannover und in ihrer Landeshauptstadt, dieser Perle unter den deutschen Großstädten, aufgenommen haben. Dank dem Ehrenausschusse, der über unserer Versammlung waltet und ihm das Interesse weitester Kreise sichert, Dank der hannoverschen Industrie, die ihre lehrreichsten Werkstätten uns erschließt, Dank dem Ortsausschuß, der willig und opferfreudig die schwere Fürsorge für unser leibliches und geistiges Wohl in diesen Festtagen auf sich genommen hat und dem ein glänzender Erfolg die unermüdliche Arbeit lohnen möge; Dank endlich, herzlichsten Dank, unserem verehrten, ersten und ältesten Bezirksverein Hannover, dessen kollegialische Einladung zu dieser Hauptversammlung von uns im vorigen Jahre in Königshütte mit aufrichtigster Freude begrüßt und einstimmig angenommen worden ist. —

Ich bitte Sie, verehrte Vereinsgenossen, zum Zeichen der Begrüßung und des Dankes sich von Ihren Sitzen zu erheben.

Hochansehnliche Festversammlung!

Unsere, allen Teilnehmern unvergeßlich gebliebene Hauptversammlung in Darmstadt 1898 stand unter dem Zeichen von Justus Liebig, dem großen Sohne jener Stadt. Bei unserem Eintritt in Darmstadt grüßte uns sein ehernes Standbild. In unserer Festversammlung enthüllte Liebigs Schüler, Mitarbeiter und Freund, Jakob Volhard, das gewaltige Lebensbild des unsterblichen Meisters.

Heute hier in Hannover gedenken wir eines großen Sohnes dieses Landes: Robert Bunsens.

1811 in Göttingen geboren, ist der Achtundachtzigjährige, nach einem ganz der Wissenschaft geweihten Leben, am 16. August des vorigen Jahres zur ewigen Ruhe eingegangen. Auf sein Grab in Heidelberg legten wir Lorbeer und Palmen mit der Widmung: Seinem unsterblichen Ehrenmitgliede der Verein Deutscher Chemiker. —

Nicht vermöchte ich das Lebensbild eines Robert Bunsen auch nur in seinen Umrissen getreu und vollständig zu entwerfen. Von berufenerer Seite ist dies mehrfach schon geschehen. In antiker Größe, Ehrfurcht gebietend, tritt es uns entgegen. Ein Bild der reinsten, edelsten Menschlichkeit, des rastlosen, keuschesten Forschens nach Wahrheit und ewigen Gesetzen. Ein Bild des mächtigen, das Nächste mit dem Fernsten kühn verknüpfenden Denkers, des unfehlbaren Herrschers im Reiche des chemischen Versuchs, des seine Hörer begeisternden Lehrers, des seine Schüler selbst unterweisenden und in das Heiligtum der Wissenschaft einführenden Meisters. Jeder Zug in diesem Bilde von klassischem Gepräge, groß, edel, einfach, unvergänglich. Aus der unerschöpflichen Fülle der von Bunsen mit eigner Hand, mit den von ihm selbst ersonnenen und geschmiedeten Waffen vollführten Geistestaten sehen wir neue Richtungen der analytischen, physikalischen, geognostischen, reinen und praktischen Chemie hervorgehen. Wir erblicken ihn, wie er selbstlos und vornehm, bescheiden, verschmähend irdischen Gewinn und äußere Anerkennung, mit nimmer müden Händen reiche Wohltaten der Mit- und Nachwelt spendet. So reicht er der Heilkunde ihr Antidot gegen die Arsenvergiftung hin, der Industrie seine volumetrischen und gasometrischen Methoden und mit der Gasanalyse und der Untersuchung der Gichtgase dem Hochofenbetriebe die rationelle Führung und die nach Millionen zählende Wärmeersparnis. Elektrotechnik und Galvanoplastik erhalten von ihm die Bunsensche Batterie. Der heutigen Elektrochemie weist frühzeitig er die Bahn zur elektrolytischen Gewinnung von Magnesium, Aluminium, Natrium und anderen Metallen; dem Photographen und Pyrotechniker zeigt er in der Verbrennung des Magnesiums eine neue glänzende Lichtquelle und die chemischen Wirkungen der Licht- und Sonnenstrahlen mißt seine mit Roscoe gemeinsam geschaffene Photochemie. Der Gastechnik wird das Bunsensche Photometer zu teil; durch die Einführung der Bunsenschen Gaslampe — des „Bunsen-Brenners" — gestaltet sich die vordem auf Holzkohlenfeuer, Spirituslampe und Gebläse angewiesene Arbeit des Chemikers zur modern = eleganten Laboratoriumstechnik, während ihr durch die Bunsensche Wasserluftpumpe eine vordem ungeahnte Erleichterung und Beschleunigung erwächst. Bunsens Flammenreaktionen treten an die Stelle der Lötrohrprobe, und weiter führt die entleuchtete Gasflamme zur heutigen allgemeinen Verwendung des „Heizgases" und des „Auerlichtes". Dem Bessemer-Prozeß, der Farbstofftechnik, der Erforschung der stofflichen Zusammensetzung der Erde und des Weltalls, der Entdeckung neuer Elemente in der Erde, im Wasser und in dem Luftraum, schenkt aber Bunsen — gemeinsam mit Kirchhoff — den Spektralapparat und mit ihm die wunderbarste und unvergänglichste aller analytischen Methoden, die Spektralanalyse.

Lassen wir über diese seine bekannteste und größte Geistestat den Meister selbst zu uns sprechen in Worten, deren Mitteilung wir einem ihm kürzlich gewidmeten Nachrufe seines großen Schülers, Freundes und Mitarbeiters, Sir Henry Roscoe, verdanken.

Bunsen schreibt an Roscoe am 15. November 1859:

„Im Augenblicke bin ich und Kirchhoff mit einer gemeinsamen Arbeit beschäftigt, die uns nicht schlafen läßt. Kirchhoff hat nämlich eine wunderschöne, ganz unerwartete Entdeckung gemacht, indem er die Ursache der dunkeln Linien im Sonnenspektrum aufgefunden und diese Linien künstlich im Sonnenspektrum verstärkt und in linienlosen Flammenspektren hervorgebracht hat, und zwar der Lage nach mit den Fraunhoferschen identischen Linien. Dadurch ist der Weg gegeben, die stoffliche Zusammensetzung der Sonne und der Fixsterne mit derselben Sicherheit nachzuweisen, wie wir $\overset{w}{S}$, Cl usw. durch unsere Reagentien bestimmen.

Auf der Erde lassen sich die Stoffe nach dieser Methode mit derselben Schärfe unterscheiden und nachweisen, wie auf der

Sonne, so daß ich z. B. in 20 g Meerwasser noch einen Lithiongehalt habe nachweisen können. Zur Erkennung mancher Stoffe ist diese Methode allen bisher befolgten vorzuziehen. Haben Sie ein Gemenge von Li, Ka, Na, Ba, Sr, Ca, so brauchen Sie nur ein Milligramm davon in unseren Apparat zu bringen, um dann unmittelbar durch ein Fernrohr alle diese Gemengteile durch bloße Beobachtung abzulesen. Einzelne dieser Reaktionen sind wunderbar scharf. So kann man noch $^5/_{1000}$ Milligramm Lithium mit der größten Leichtigkeit nachweisen. Ich habe diesen Stoff in fast allen Pottaschen aufgefunden."

In diesen schlichten Worten, in diesen Sätzen, von denen jeder eine Siegesbotschaft enthält, äußert sich Bunsen über eine der größten Entdeckungen aller Zeiten. —

Hochverehrte Festversammlung!

An der Jahrhundertwende hat man mehrfach die Frage vernommen, welches die größte Errungenschaft des 19. Jahrhunderts für die Menschheit gewesen sei. Diese Frage ist in dieser Form nicht zu beantworten. Der besonderen und ewig denkwürdigen Resultate gab es viele, aber nicht von gleicher Art und für das Ungleichmäßige fehlt der Maßstab. Auf allen Gebieten sind hemmende Schranken gefallen und Unvollkommenes weiter hinausgerückt worden. Jeder preist die Erweiterung der eigenen Schranken als die größte Tat des Jahrhunderts. Die Wiederaufrichtung des Deutschen Reiches, die Entwicklung der Industrie durch die Dampfkraft, die Steigerung des Völkerverkehrs durch die Eisenbahn und Dampfschiffahrt, die Vernichtung von Raum und Zeit durch Telegraph und Telephon, die Fortschritte der Heilkunst und Hygiene — der Augenspiegel, Bakteriologie und Antiseptik — und auf dem Gebiet der theoretischen Naturerkenntnis: — die Darwinsche Lehre, das Gesetz von der Erhaltung der Energie, die Benzoltheorie, das periodische Gesetz der Elemente — alle diese Errungenschaften nebst vielen, vielen anderen sind gewiß hochtragende Marksteine im Fortschritt des 19. Jahrhunderts gewesen. Möge Jeder den für ihn sichtbarsten Markstein für den höchsten halten; fragt man aber den Chemiker, was und wer den Menschen über die ihm gesetzten irdischen Schranken hinweggehoben und ihn mit der überirdischen Kraft ausgerüstet hat, nicht nur die Natur der für ihn greifbaren, wägbaren, meßbaren Stoffe auf seinem kleinen Planeten zu ergründen, sondern auch mit seinem Erkenntnisvermögen bis in die fernsten Räume des Weltalls, bis zu den entstehenden Welten der Nebelflecke, vorzudringen und — wie Bunsen sagt — „die stoffliche Zusammensetzung der Sonne und Fixsterne mit derselben Sicherheit nachzuweisen, wie wir Schwefelsäure, Chlor usw. durch unsere Reagentien bestimmen," so zeigt er uns den in seinem Laboratorium stehenden Spektralapparat oder weist uns sein Taschenspektroskop und nennt ehrfurchtsvoll den Namen: Robert Bunsen.

Hochverehrte Festversammlung!

Wir trauern mit der ganzen Welt um den Verlust von Robert Bunsen, eines ihrer edelsten und größten Wohltäter! Und diese Trauer mischt sich heute nicht nur in unsere Freude an den Fortschritten unseres Vereins, sie umschattet auch den frohen Zurückblick auf das glorreiche vergangene Jahrhundert der angewandten Naturwissenschaften, das mehr für die Entwicklung der Chemie und ihres Einflusses auf den Kulturfortschritt der Menschheit geleistet hat, als alle vergangenen Jahrtausende menschlicher Tätigkeit. Im 19. Jahrhundert ist die Chemie zur Wissenschaft herangereift und in ihrem Lichte das chemische Handwerk zu einer weltbeherrschenden Macht geworden. Um die Mitte dieses unvergleichlichen Jahrhunderts erstrahlte am deutschen wissenschaftlichen Firmament im hellsten Glanze das Dreigestirn: Liebig, Wöhler, Bunsen. Erloschen ist nun auch die letzte dieser Leuchten.

Ehren wir das Andenken unseres von uns geschiedenen, unsterblichen Mitgliedes durch Erheben von den Sitzen.

Mit dem Wunsche, daß auch unsere Arbeiten vom Geist Bunsens durchdrungen sein mögen: Suchen der Wahrheit um der Wahrheit willen, erkläre ich die diesjährige Hauptversammlung des Vereins Deutscher Chemiker in Hannover für eröffnet.

II.
Ansprache beim Festmahl (7. Juni 1900).

Hochansehnliche Festversammlung!

Gestatten Sie mir, hochverehrte Ehrengäste, Gönner, Freunde, Mitglieder des Vereins Deutscher Chemiker, Sie alle, meine Damen und Herren, deren Teilnahme an dieser festlichen Versammlung ihr einen festlichen und weihevollen Glanz verleiht, gestatten Sie mir, Ihnen im Namen des Vereins herzlichen Willkommengruß und Dank für Ihr Erscheinen darzubringen! Mögen die flüchtig enteilenden Stunden des frohen, gemeinsamen Festmahles in Ihnen allen eine dauernd sonnige Erinnerung zurücklassen an die Hauptversammlung des Vereins Deutscher Chemiker in dieser gastfreundlichen, altberühmten deutschen Stadt Hannover!

Hochgeehrte Versammlung!

Wohl mögen deutsche wissenschaftliche und technische Vereine, wie der unsere, nach ernster Arbeit frohe Jahresfeste feiern!

Machtvoll geschirmt durch unseren Kaiser und sein allezeit bereites Heer — unser ganzes Volk in Waffen — waltet der Friede über der deutschen Arbeit. Und im Sonnenglanze des Friedens ertönt, heller und freudiger bei uns als bei anderen Völkern, der schmetternde Weckruf der geistigen allgemeinen Wehrpflicht. Angetan mit den Waffen des Geistes erringt das deutsche Denkervolk auf jeder Walstatt des friedlichen Wettbewerbes Sieg auf Sieg; auf keinem Felde aber unbestrittener als auf dem der deutschen Chemie! Wohl mögen sich die Kampfgenossen bei frohem Mahle gemeinsam ihrer Siege freuen!

Aber Wissenschaft und Technik vermögen nicht aus sich allein und nur auf ihre eigene Kraft gestützt weittragende Erfolge für das öffentliche Leben zu erringen. Wie Glieder in einer festgefügten Kette, wo eines mit dem andern trägt, müssen alle treibenden und leitenden Kräfte im Dasein unseres Volkes, die Hüter des öffentlichen Wohles im Staate und in den

Städten, das Verkehrswesen, der Handel und die Industrie, die Erziehung der Jugend, die Lehrer an den Technischen Hochschulen und Universitäten, alle verwandten Berufskreise und Vereine, aber auch Haus und Familie, — alle müssen sie verständnisvoll und einig zusammenwirken, um den idealen Errungenschaften der deutschen Wissenschaft und Technik die Bahnen des praktischen Erfolges zur Ehre des deutschen Namens, zur Mehrung der deutschen Wohlfahrt zu weisen, zu ebnen und zu sichern. Und in dieser Kette sich gegenseitig unterstützender Bestrebungen ist das bindende Schlußglied ein leuchtendes Kleinod: die deutsche Frau, die dem schaffenden Manne liebend im Kampfe zur Seite steht und treu mit ihm Sorgen und Freude teilt.

Jede Jahresversammlung eines deutschen wissenschaftlich-technischen Vereines, wie der unsere, ist daher auch eine Versammlung für alle, die an seinen Bestrebungen werktätigen und fördernden Anteil nehmen. Dankbar begrüßt in diesem Kreise der deutsche Chemiker seine treuen Waffenbrüder und Schwestern. Doch keinem führerlosen Heere ward und wird der Sieg zuteil. In angestammter Ehrfurcht, Liebe und Vertrauen strahlt unser Blick aufwärts zu jenen steilen Höhen, auf denen unsere Führer, die Herrscher der geeinten deutschen Lande stehen; allen voran der oberste Kriegsherr, der deutsche Kaiser! Von hoher Warte mit festem, kundigem, prophetischem Blicke klar in die Ferne spähend, lauschend dem Flügelschlage einer neuen Zeit, die neue Bahnen sucht und neue, gewaltige Taten schafft, stark gewillt und weisen Sinnes hat der erhabene Herrscher — was noch vor Jahresfrist ein Wunsch auf unseren Lippen war — das Riesenkind des 19. Jahrhunderts: die technische Wissenschaft, als ebenbürtige Schwester der altersgrauen Wissenschaften zu sich berufen und ihr das Banner des Fortschrittes in die jugendstarke Hand gelegt. In diesem Zeichen, unter solcher weisen und entschlossenen Führung, wird und muß im friedlichen Wettbewerb der Nationen das Deutsche Reich auch in dem zwanzigsten Jahrhundert siegen! So richtet sich an der Jahrhundertwende und an der Schwelle dieses schönen

Festes unser Blick in gläubigem Vertrauen, in tiefgefühlter Dankbarkeit und ehrfurchtsvoller Bewunderung auf den allgeliebten Herrscher dieses Landes und des Deutschen Reiches.

Jubelnd und begeistert ertöne unser erster Ruf: Heil, Heil dem mächtigen Schirm und Horte unseres Friedens, dem Führer deutscher Wissenschaft und Technik zu Sieg und Ruhm! Hoch lebe Seine Majestät Wilhelm II., König von Preußen und Kaiser von Deutschland!

Begründung der Verleihung der Ehrenmitgliedschaft an Adolf von Baeyer.

(7. Juni 1900.)

(Zeitschrift für angew. Chemie 1900, S. 893.)

In Adolf von Baeyer verehren wir nicht nur den großen wissenschaftlichen Forscher und Entdecker, nicht nur den großen Organisator des chemischen Unterrichts, den Begründer einer Schule, aus der glänzende Lehrer der Wissenschaft und bewährte Führer der Technik hervorgegangen sind, sondern wir verehren in ihm auch den mächtigen Förderer der deutschen chemischen Industrie.

Mit seinen ersten bahnbrechenden „Untersuchungen über die Gruppe des Indigoblaus" wandte sich Baeyer 1866 dem Farbstoffgebiete zu, das ihm seine größten Erfolge verdankt. Aus diesen ersten Untersuchungen ging seine klassische Methode zur Reduktion aromatischer Verbindungen mittelst Zinkstaub hervor. Mit Hilfe dieser neuen Reduktionsmethode wurde die Muttersubstanz des Indigo, das Indol, und die Muttersubstanz des Alizarins, das Anthracen, entdeckt. Von dem Anthracen gelangten unter seinen Augen 1869 seine Schüler Graebe und Liebermann zur Synthese des Alizarins und damit zur Begründung einer mächtigen Industrie, von der aus sich der gewaltige Aufschwung der deutschen Farbstofftechnik seit 1870 datiert. 1871 entdeckte Baeyer die Gruppe der Phtaleine, die in ihrem wissenschaftlichen und technisch weiteren Ausbau zur Begründung der Resorcinindustrie, zu den Eosinen und Rhodaminen, zu glänzenden Aufschlüssen und Synthesen in der Triphenylmethangruppe durch Baeyer und seine Schüler führt. Andererseits gibt die Entdeckung und Untersuchung der aromatischen Nitrosoverbindungen seit 1874 nachhaltige Impulse der Industrie der Azofarbstoffe. Die Wiederaufnahme seiner Untersuchungen über das Indigoblau erhält aber 1880 ihren glänzenden Lohn in der endlich geglückten Synthese des künstlichen Indigo, an welche sich Baeyer's ewig denkwürdige theoretische Ergründung des ganzen Indigogebietes anschließt. Im Lichte der von ihm erlangten Erkenntnis folgten weitere Fortschritte zur ökonomischen technischen Erzeugung des Farbstoffs, und durch ausdauernde Arbeit der Farbstofftechnik ist mit dem scheidenden Jahrhundert auch Baeyers künstlicher Indigo ein dauernder Zuwachs zur deutschen Farbstoffindustrie geworden.

Brief A. von Baeyers an H. C.

München, den 14. Februar 1901.

An den stellvertretenden Vorsitzenden des Vereins Deutscher Chemiker, Herrn Hofrat Dr. Caro.

Hochverehrter Herr Hofrat!

Sie haben mir durch die Übersendung des prachtvoll und künstlerisch ausgestatteten Diploms als Ehrenmitglied des Vereins Deutscher Chemiker eine ebensogroße Überraschung wie Freude bereitet, und ich bitte Sie, dem Vorstande des Vereins meinen innigsten Dank für diese Gabe und die damit verbundene hohe Auszeichnung übermitteln zu wollen.

Die Abbildung der Stätten meiner früheren Wirksamkeit in Berlin und Straßburg hat mich tief gerührt und zugleich auch die Erinnerung an so viele Freunde und Fachgenossen wachgerufen, mit denen ich dort gearbeitet und verkehrt habe. Unter diesen nehmen Sie, hochverehrter Herr Hofrat, einen der ersten Plätze ein, und wenn Sie die Ehrentafel mit Namen und Sinnbildern meiner Arbeiten haben schmücken lassen, so haben Sie zugleich sich selbst ein schönes Denkmal errichtet, da viele dieser Namen an die werktätige Hilfe erinnern, durch welche

Sie mich auf meiner wissenschaftlichen Lebensbahn gefördert und unterstützt haben.

Der Vorstand hat mir daher dadurch, daß er grade Sie beauftragt hat, mir dieses Diplom zuzustellen, eine ganz besonders große Freude gemacht. Ich danke ihm dafür und verbinde damit die herzlichsten Wünsche für das Blühen und Gedeihen des Vereins, dem als Ehrenmitglied anzugehören ich als eine hohe Auszeichnung betrachte.

Mit der Bitte den Ausdruck meiner ausgezeichnetsten Hochachtung und Verehrung entgegennehmen zu wollen, verbleibe ich

Ihr ergebenster

Adolf von Baeyer.

Dankbrief von H. C. an Henry Roscoe.

Mannheim, 19. August 1900.

Hochverehrter Herr Professor Roscoe!

Für die gütige Zusendung Ihres unvergleichlich schönen Nachrufs an Bunsen, durch die Sie mich außerordentlich geehrt und erfreut haben, bitte ich Sie meinen herzlichsten, wenn auch späten Dank entgegennehmen zu wollen!

Ich erhielt Ihre gütige Sendung, als ich im Begriff war, zu der diesjährigen Hauptversammlung des Vereins Deutscher Chemiker zu reisen, dessen Vorsitzender ich bin. Seit zwei Jahren war Bunsen unser Ehrenmitglied. Es war mir selbst noch vergönnt gewesen, ihm seine Ernennung mitzuteilen und eine unvergeßliche längere Unterhaltung mit ihm zu haben. Ein Jahr darauf stand ich an seinem Grabe! Bei unserer diesjährigen Versammlung in Hannover war es meine Pflicht, dem dahingeschiedenen Ehrenmitgliede einige Worte des Angedenkens zu widmen. Zu meiner Vorbereitung las ich alles, was seit Bunsens Tod über ihn geschrieben und gesagt worden war. Da erhielt ich Ihren Nachruf. — Sie können begreifen, mit welchem Genusse ich Ihre herrliche, warm empfundene und doch so objektiv gehaltene, bis in die kleinsten Züge getreue und charakteristische

Schilderung des unsterblichen Meisters und seines Lebenswerkes gelesen habe. Vieles hatte ich ja selbst miterlebt oder schon von anderen gehört. Bunsen gehörte schon zu Lebzeiten der Geschichte an. Aber niemand war berufener, ihm nach seinem Hinscheiden ein literarisches Denkmal zu setzen, unvergänglicher als „Erz", als Bunsens liebster Schüler, Mitarbeiter und Freund Roscoe. —

Ich konnte es mir nicht versagen, der Versammlung in Hannover einen Auszug aus Bunsens Brief mitzuteilen, dessen Faksimile Sie in so dankenswerter Weise veröffentlicht haben, und in der Bunsen Ihnen die Entdeckung der Spektralanalyse meldet. Gibt es etwas Klassisches, so ist es dieser Brief. Und will man den Meister in seiner edlen Größe kennen lernen, so lese man diesen monumentalen Brief. — Es ist doch etwas Herrliches, daß große Männer auch nach ihrem Tode nicht nur auf geistigem, sondern auch auf seelischem Gebiete fortwirken, indem sie die treue Schar ihrer Verehrer durch ein Band der gegenseitigen Freundschaft und Sympathie zusammenhalten. Der gemeinsamen Verehrung von Bunsen verdanke ich die gütige Zusendung Ihres Nachrufes. Es war dies ein erneuter Beweis Ihrer alten freundschaftlichen Gesinnung, die ich auf das herzlichste erwidere!

Mit besten Wünschen für Ihr Wohlergehen
Ihr treu ergebener
H. Caro.

Hauptverfammlung des Vereins Deutfcher Chemiker zu Dresden,

29. Mai bis 1. Juni 1901.

I.
Ausflug nach Meißen.

Verehrte Damen und Vereinsgenoffen!

In unferem anfpruchsvollen und fchwer zu befriedigenden Zeitalter blüht doch noch hie und da, am rechten Orte und zu guter Stunde, die blaue Wunderblume „Zufriedenheit", in deren Zauberkreife jeder Tadel fchweigt. Auf unferer diesjährigen Hauptverfammlung im fchönen Sachfenlande und zur wunderfchönen Pfingftenzeit, wo alles fich mit jungem Grün und frifchen Maien fchmückt, ift auch diefe Wunderblume in unfer aller Herzen blühend aufgegangen. Befriedigt, ja mehr noch als befriedigt, von ganzem Herzen erfreut, entzückt find wir alle durch den tadellos glänzenden Verlauf diefer Fefttage! Was unfer liebenswürdiger Gaftfreund uns bei feinem erften Willkommgruß verfprach, das hat er treu und überreich erfüllt. Und auch darin find wir alle einig, daß wir ihm geftern auf unferem Ausfluge nach Meißen ganz befonders feltene und nachhaltige Genüffe für Geift und Herz verdankten.

Bei unferem Eintritt in diefe pittoreske, altehrwürdige Stadt — in diefes fächfifche Nürnberg, wie fie mit Recht genannt wird — beim Orgelklang im hehren Dom, bei unferem Blick von der herrlich wiedererftandenen Albrechtsburg hinab in das blühende, induftriereiche Elbtal, bei unferer Wanderung durch die Werkftätten der weltberühmten Meißener Porzellanfabrik, überall grüßten uns in wunderfamem Vereine Vergangenheit und Gegenwart, Vergangenheit und Gegenwart nicht nur des Sachsenlandes und des Deutschen Reichs, sondern auch der deutschen chemischen Wissenschaft und Industrie.

Vor unserem geistigen Blick zog nahezu ein Jahrtausend deutscher Geschichte vorüber, von der Gründung Meißens durch den ersten deutschen König aus dem Sachsenstamm an bis zu dem Kaiserlichen Schirmherrn unseres neuerstandenen Deutschen Reiches. Aus den alten, verträumt dareinschauenden Bauten und Kunstdenkmälern dieser Stadt, aus ihren engen, finstern, gewundenen Gassen und Gäßchen sprach zu uns eine längst vergangene, wechselvolle Zeit, Glück und Unglück, Freud und Leid, Krieg und Frieden, Aufbau und Verfall, aber mit dem und trotzdem allezeit rastlose, tüchtige deutsche Arbeit, deutscher Sinn für Kunst und Wissenschaft und deutsches Gottvertrauen auf eine kommende, bessere Zeit. Und diese Zeit, sie ist gekommen, sie kam daher in Sturm und Braus; in der Völkerschlacht im Sachsenlande hörten wir ihren ersten Flügelschlag, auf den Schlachtfeldern Frankreichs schuf das deutsche Denkervolk in Waffen sich ein neues deutsches Kaiserreich. Diese neue Zeit, sie sprach zu uns aus der im herrlichen Glanze wiedererstandenen Albrechtsburg, und ihr segensreiches Walten sahen wir sichtbar vor uns bei unserem Blick aus den Fenstern der alten Burg hinab auf den mit den geistigen Waffen der modernen deutschen Wissenschaft und Technik zu neuen welterobernden Siegen ausgerüsteten Gewerbefleiß dieses reichgesegneten deutschen Landes.

Und nicht minder herzbewegende Eindrücke haben wir von unserer Wanderung durch die gewaltigen Industriestätten der Meißener Porzellanfabrik davongetragen.

Unter kundiger, liebenswürdiger Führung erkennen wir die steilsten Höhen der alten und modernen anorganischen Chemie und überblicken ihr vielgestaltiges Zusammenwirken mit der vorgeschrittensten Technik und der ihr gemeinsames Werk adelnden Kunst. Soll ich in diesem sachverständigen Kreise, der alles selbst erst erschaut und bewundert hat, den Preis — nicht die Preise — des „Meißener Porzellans" im Loblied ertönen lassen? Ist es nicht weltbekannt und weltberühmt?

Hat es doch im Vorjahre auf dem Pariser Wettbewerbe der Völker die höchste Siegespalme sich errungen. Und, verehrteste Vereinsgenossen, wer unter uns, dem bereits das Glück zuteil geworden, eine holde, häusliche, kunstsinnige Gattin, vielleicht auch wohl eine liebe desgleichen Tochter oder gar deren mehrere sein Eigen zu nennen, wer — frage ich im Vertrauen — hätte nicht beim Abschied einen mehr oder minder kleinen Wunschzettel auf die Reise nach Meißen mitbekommen? Mir wenigstens ist es, Gottlob, so ergangen. — Nein, „Meißener Porzellan", dieser Liebling aller Grazien, spricht für sich selbst! Und diese herrlichen Gebilde der Keramik sind — so lehrt uns die Geschichte unserer Wissenschaft — aus Irrtum, Finsternis und Trug zuerst hervorgegangen!

Dort oben auf der Albrechtsburg — bald sind es 200 Jahre her — flammen die Feuer, sausen die Essen. Verzweiflung im Herzen, schmachvollen Tod im güldenen Zindelkleid vor Augen, sucht Böttger, der Alchimist, den Stein der Weisen, das gleißende Gold. Aber der „unerbittliche Versuch" bestätigt nicht den Trugschluß einer falschen Theorie, die seine Zeit beherrscht. Nicht Gold, wie er geträumt, nur eine braune, unansehnliche Masse geht aus dem Schmelztiegel hervor. Aber sie ist halb gesintert und durchscheinend. Sie hat die Haupteigenschaften des lange vergeblich gesuchten, kostbaren Porzellans des fernen Orients. Zum erstenmal in Europa ist es hier entdeckt. Und der glückliche Fund wird zur Erfindung, als Böttger mit dem genialen Blicke des Erfinders seinen hohen gewerblichen Wert erkennt und ungesäumt, in rastlos zielbewußter Arbeit den Weg zum technischen Erfolge bahnt. Erlöst ist fortan der Goldkoch von den Banden des Truges und der Finsternis. Wie sein weiland alchimistischer Kollege Doktor Faustus war er im dunklen Drange sich des rechten Wegs bewußt geblieben. Die Arbeit, die rastlos einem hohen Ziele zustrebende Arbeit hatte auch ihn befreit. Alle guten Geister trugen auch ihn von Finsternis zum Lichte empor, zurufend:

  Wer immer strebend sich bemüht
  Den können wir erlösen!

Die Geschichte Böttgers ist die Geschichte aller unserer menschlichen Bemühungen. Sie ist die Geschichte unserer Wissenschaft und Industrie, sie ist die Geschichte unseres Deutschen Reiches: Aus Finsternis zum Licht!

Mitleidig blickt wohl mancher junge Adept unserer Tage, dessen Phantasie in Strukturbildern, in wirbelnden Tanzreigen gegenseitig sich anrempelnder Atome schwelgt, mitleidig blickt er wohl auf die Arbeiten unserer Väter zurück, die im Irrlichtschimmern einer falschen Theorie den Stein der Weisen suchten, den die moderne chemische Industrie auf anderen Wegen in anderer Form gefunden hat. Rufen wir ihm mit Hans Sachs zu: „Ehret Eure alten Meister, dann bannt Ihr gute Geister!"

Verachtet nicht die goldene Empirie, die Euch den Boden schuf, auf dem Ihr heute steht und vorwärts schreitet. Gedenkt der Worte Liebigs: „Die Alchimie war die Wissenschaft, die Goldmacherkunst schloß alle technisch-chemischen Gewerbszweige in sich ein. — Was Glauber, Böttger, Kunkel in dieser Richtung leisteten, kann kühn den größten Entdeckungen unseres Jahrhunderts an die Seite gestellt werden."

Verehrte Anwesende! Diese und ähnliche Eindrücke haben wir heute aus dem alten Meißen davongetragen. Vor allem die freudige Zuversicht, daß rastlose Arbeit zu Ehren führt. Auch unser Verein beherzige die Lehre. Sei auch er der Faustschen Worte eingedenk: „Werd' ich beruhigt je mich auf ein Faulbett legen, so sei es gleich um mich getan."

Unserm lieben Gastfreund nun, dem wir alle diese Eindrücke für Geist und Herz verdanken, insbesonders dem heutigen Pfleger der einstigen Böttger'schen Erfindung, Herrn Oberbergrat Heintze unsern Dank und Hoch!

II.
Abschiedsrede.

Verehrte Damen und Vereinsgenossen!

Auf unserer heutigen Fahrt in das Elbtal sind wir an dem lieblichen Loschwitz vorbeigeeilt. Dort — wie Sie wissen — dichtete Schiller seinen Don Carlos. Vielleicht lebt kein Werk unseres deutschen Lieblingsdichters mehr als dieses im Volksmunde fort. Zum mindesten erinnert sich jeder der Anfangsworte des Don Carlos mit ihrem wehmütigen Klang. Wenn wir einst aus der goldenen Ferienzeit wieder zur Schule heimkehren mußten, dann seufzten wir aus tiefster Seele: „Die schönen Tage in Aranjuez sind nun zu Ende!" Ja, meine verehrtesten Festgenossen, auch unsere „schönen Tage in Aranjuez" sind leider, leider bald zu Ende, die unvergeßlich schönen Tage unserer Dresdener Hauptversammlung! Sinkt die Sonne des heutigen Tages, so steigt das milde Licht der Erinnerung herauf, der alles, was wir auf dieser denkwürdigen Versammlung gemeinsam mit Freunden und Fachgenossen erlebt, gedacht, getan, empfunden haben, von nun an unauslöschlich angehören wird. Von neuem ruft uns die Heimat, die Arbeit, die Berufspflicht und die tägliche Sorge, die wir alle weit hinter uns gelassen hatten. Zu Ende ist auch unsere goldene Ferienzeit, aber erfrischt kehren wir heim, geistig angeregt durch den Verkehr mit unseren verehrtesten Fachgenossen, und mit neuen Kräften nehmen wir die Arbeit am Schreibtisch und Katheder, im Laboratorium und in der Werkstatt wieder auf.

Lassen wir daher noch einmal, ehe wir von einander scheiden, die schönen Tage von „Dresden" wie liebe Bilder aus der Vergangenheit an uns vorüberziehen, von dem Begrüßungsabend auf der Brühl'schen Terrasse bis zu diesem Abschiedsmahle auf der Bastei! Und um diese lieben Bilder winden wir einen Kranz von „Vergißmeinnicht", die unser lieber Sächsisch-Thüringer Gastfreund zum Abschied darreicht mit den Worten seines thüringischen Volksliedes:

„Dies Blümlein leg' ans Herz
Und denk' an mich!"

Bringen wir aber auch, so lange wir noch zusammenweilen, allen noch einmal unseren Dank dar, denen unser Verein den glänzenden Verlauf seiner diesjährigen Hauptversammlung in so reichem Maße verdankt. —

Dank, ehrerbietigsten Dank den hohen staatlichen und städtischen Behörden dieses schönen, deutschen Sachsenlandes und seiner Residenz und Hauptstadt Dresden, unter deren Patronat wir tagten! Dank für die gastliche Aufnahme, die uns das herrliche Elbflorenz in seinen Mauern, die uns die Technische Hochschule unter ihrem Dache bot! Dank für die uns von der blühenden sächsischen Industrie auf unseren Wanderungen durch ihre Werkstätten, von den Rednern in unseren Versammlungen so ausgiebig gewährte Belehrung, Dank für die Gaben der ernsten und heiteren Musen, Dank für die wohlwollende Unterstützung unserer Vereinsbestrebungen durch die Tagespresse!

Und schließlich unseren herzlichsten und wärmsten Dank dem lieben Sächsisch-Thüringer Bezirksverein, seinem verehrten Vorstande, seinem unermüdlichen, unübertrefflichen Festausschusse und insbesonders auch den liebenswürdigen Mitgliedern seines Damenkomitees! Alle, alle haben miteinander gewetteifert, uns die edelste Gastfreundschaft zu erweisen und uns den Abschied von Ihnen recht schwer zu machen. Jedes Glied in ihrer Kette hat sich um den Verein Deutscher Chemiker wohl verdient gemacht!

Vivat membrum quodlibet,
Vivat membra quaelibet
Semper sint in flore!

Doch genug des traurig stimmenden Rückblicks! Frohgemut richte sich unser Blick vorwärts. „Wenn Freunde auseinandergehen, so sagen sie: Auf Wiedersehen!" Hoffen wir alle auf ein frohes Wiedersehen im nächsten Jahr beim Vater Rhein, in dem lebensfrohen, feuchtfröhlichen Düsseldorf! Mögen wir dann auf ein neues erfolgreiches Jahr in unserem Vereinsleben mit Befriedigung zurückblicken können! Kein Rasten, kein Stillstehen! Große Aufgaben warten der deutschen Chemiker, ihre Erfolge in Wissenschaft und Industrie spornen das Ausland zu immer schärferem Wettkampf an. Möge auch unser Verein Deutscher Chemiker in diesem Kampfe rühmlich sich bewähren! So klinge unser Fest denn in dem Rufe aus:

Hoch lebe der Verein Deutscher Chemiker!

Hauptverfammlung des Vereins deutfcher Chemiker in Düffeldorf.

(21.—24. Mai 1902).

23. Mai 1902.

Anläßlich der Hauptverfammlung zu Düffeldorf luden die Farbwerke Bayer u. Co. die Feftteilnehmer zur Befichtigung ihrer neuen Anlagen in Leverkusen ein. Beim darauffolgenden Fefttrunk in der Fabrik hält H. C., begeiftert von der liebenswürdigen Aufnahme, folgende Anfprache:

Geftatten Sie mir, meine hochverehrten Damen und Herren, in unfer aller Namen den ungeteilten Gefühlen der Bewunderung und der Dankbarkeit Ausdruck zu verleihen, die unfere heutige Wanderung durch die Werkftätten diefer weltberühmten Fabrik in uns wachgerufen hat. Von einem der hervorragendften Höhenpunkte der Chemifchen Induftrie wurde uns ein weiter Blick eröffnet auf das gemeinfame Walten und Zufammenwirken der Kräfte, welche die moderne Chemie in den Dienft des menfchlichen Fortfchrittes geftellt hat.

Mit einem Blick erkannten wir die hohe Würde unferes göttlichen Berufs. Mit Stolz erfüllte uns das Bewußtfein, daß wir deutfche Chemiker uns nennen dürfen.

Dem hilflos in das Leben tretenden Menfchen ertönte einft der Ruf: Mache die Erde mit ihren Schätzen und Kräften Dir untertan! Dazu ward ihm vor allen anderen lebenden Gefchöpfen die Gabe der Erfindung mit auf den mühevollen Lebensweg gegeben.

Für alle feine Bedürfniffe hatte die mütterlich forgende Natur ihre Schätze im voraus aufgefpeichert. Aber wo fie zu finden, wie fie zu heben und zu verwenden feien, das fteht in einem Buche mit rätselhaften Schriftzeichen geschrieben. Und die Entzifferung dieser Zeichen lehrte uns Schritt für Schritt die Wissenschaft. Im Jahre 1856 entzifferte man die Wörter „Steinkohlenteer und Anilin". Und aus den Händen eines 17jährigen Chemikers ging die erste leuchtende Farbe aus dem schwarzen, verachteten Steinkohlenteer hervor. Eine neue Märchenwelt von wundersamem Zauber war erschlossen, eine neue Zeit der unerhörtesten wissenschaftlichen und technischen Forschung war angebrochen. Alle geistigen Kräfte strebten dem neuerschlossenen Gebiete zu. Der Professor reichte dem Handwerker die brüderliche Hand und der Praktiker schlug kräftig ein. Schätze auf Schätze wurden gemeinsam an das Tageslicht gefördert. In unabsehbarer Folge entstiegen Farbstoffe, Heilmittel, Riechstoffe, Sprengstoffe dem unerschöpflich tiefen Schacht. Der Mechaniker schuf die vielgestaltigen Förderungsvorrichtungen. Dann trat dem „Dampf" die blitzschnelle Schwester „Elektrizität" zur Seite.

Was heutzutage aus allem diesem Zusammenwirken geworden ist, das haben wir hier mit einem Blicke erschaut. Und war der Neuling von diesem wundersamen Bilde entzückt, nicht minder begeistert wurde der Alte, der einst an der Wiege dieser Industrie gestanden hatte und ihrer siegreichen Entwickelung freudigen Herzens folgen durfte.

Gestern erklangen weihevolle Orgelklänge bei unserem Festmahl, heute wurde uns der Genuß einer Farbensymphonie zu teil. Die ersten Künstler wirken in der Kapelle. Die größten, weltberühmten Komponisten schwangen den Taktstock. Hochverehrte Damen und Herren! Bringen wir diesem herrlichen Werke und seinen genialen Leitern unseren herzlichsten Dank für den uns gewährten unvergleichlichen geistigen Genuß, gepaart mit fürstlicher Gastfreundschaft, in rauschendem Jubel dar! Hoch leben die Farbenfabriken vormals Friedrich Bayer und Kompagnie in Elberfeld in ihrem neuen Heim zu Leverkusen!

Und ein besonderes Hoch gelte Herrn Doktor von Böttinger und unserem verehrten Vorsitzenden, unserem lieben Doktor Duisberg! Sie leben Hoch!

Entwurf zu einer Adreſſe an Carl Graebe.

Anläßlich des 25 jährigen Jubiläums der Entdeckung des künſtlichen Alizarins findet in Kaſſel während der dort tagenden Verſammlung Deutſcher Naturforſcher und Ärzte am 20. September 1903 eine Carl Graebe-Feier ſtatt. A. v. Baeyer verfaßte eine Adreſſe, die gedruckt dem Jubilar überreicht wurde. — Die von H. C. verfaßte Adreſſe, welche nur für den Fall entworfen war, daß Baeyer aus Geſundheitsrückſichten an der Ausarbeitung einer Adreſſe verhindert ſein würde, wurde daher nicht verleſen und veröffentlicht.

Hochverehrter Herr Profeſſor!

Wir, Ihre Freunde, Schüler und Mitarbeiter begrüßen Sie am heutigen Tage mit frohem Feſtesgruß! Vereint gedenken wir Ihres langjährigen, ruhmreichen Wirkens im Dienſte der chemiſchen Wiſſenſchaft und Induſtrie.

Seit nahe einem Vierteljahrhundert forſchen und lehren Sie an der Hochſchule zu Genf. Für Ihre aus dem dortigen Laboratorium hervorgegangenen Schüler war es ſchon längſt ein Herzenswunſch, das herannahende 25 jährige Jubiläum des allverehrten Lehrers und Meiſters feſtlich zu begehen. Als aber die Kunde hiervon in weitere Kreiſe drang, fielen die engen Grenzen der geplanten Feier. Mit freudigem Eifer ergriffen alle Ihre Freunde und Verehrer im In- und Auslande den dargebotenen Anlaß, um eine durch keine Sprach- und Landesgrenzen eingeengte Huldigung der chemiſchen Mitwelt Ihnen darzubringen. So entſtand die heutige „Graebe-Feier".

Hier auf dem Boden Ihrer alten deutſchen Heimat, unfern den Stätten Ihres erſten Werdegangs, Ihrer erſten Studienjahre, Ihrer erſten vor nahezu vier Jahrzehnten begonnenen akademiſchen Laufbahn; heute, am Vorabend der 75. Verſammlung Deutſcher Naturforſcher und im Hinblick auf deren

Versammlung in Frankfurt a. M. 1867, der Sie die erste Mitteilung Ihrer grundlegenden Unterfuchungen über die „Chinongruppe" machten, Unterfuchungen, die für Ihre ganze fpätere Denk- und Arbeitsrichtung von beftimmendem Einfluſſe geworden ſind, hier und heute bringen wir, Ihre Freunde und Verehrer, Ihnen, dem Meiſter der chemiſchen Forſchung, dem erfolgreichen Förderer der Wiſſenſchaft und ihrer Anwendungen, den Ausdruck der bewundernden Anerkennung Ihrer Fachgenoſſen dar.

Zum bleibenden Gedächtnis an den heutigen Tag hat eines Künſtlers Hand auf goldenem Ehrenſchilde die Züge von Carl Graebe für die Mit- und Nachwelt feſtgehalten. In lebenswahrem Bild ſehen wir den Meiſter in ſeiner Geiſtes- und Gedankenwerkſtatt am Vorleſungstiſch, umgeben von den Attributen ſeiner jüngſten Forſchungen, darlegend den Entwicklungsgang ſeiner früheſten, denkwürdigen Entdeckungen. Erinnerungen an Ihre Geburtsſtätte — die alte Kaiſerſtadt am Main —, an die Namen der Hochſchulen, an denen Sie gelernt und gelehrt haben, ſteigen vor unſerem Blicke auf.

Doch unvergänglicher als Erz ſind die Annalen unſerer Wiſſenſchaft. Dort iſt Ihr Name hundertfach mit goldenen Lettern eingeſchrieben. Das kündet die Sammlung der überaus zahlreichen Veröffentlichungen, die ſeit 1865 aus Ihrer Hand, aus Ihrer Feder, aus Ihrem Laboratorium hervorgegangen ſind. Auf dem durch Kekulés Lehre neu erſchloſſenen Gebiete der aromatiſchen Verbindungen waren Sie einer der erſten und erfolgreichſten Bearbeiter. Daher verdankt Ihnen auch die auf dieſem Boden zu ihrer geiſtigen Blüte gelangte Teerfarbeninduſtrie die wertvollſten Aufſchlüſſe über die Natur und Bildungsweiſe ihrer Farbſtoffe und Hilfsprodukte. Aber auch auf vielen andern wiſſenſchaftlichen Gebieten haben Ihre Forſchungen helles Licht verbreitet.

Frühzeitig ſchlugen Ihre Arbeiten eine vorwiegend praktiſche Richtung ein, wenngleich Sie ſtets die Wahrheit nur um der Wahrheit willen ſuchten. Schon 1868, als Aſſiſtent von Adolf Baeyer, ausgerüſtet mit deſſen neuentdeckter „Zinkſtaubreduktionsmethode", enträtſeln Sie in gemeinſamer Arbeit mit Carl Liebermann die lang verborgene Natur der Krappfarbſtoffe und bald darauf gelingt den jugendlichen Forſchern die für die geſamte chemiſche Induſtrie und für den Aufſchwung der darauf gegründeten Gewerbe von epochemachender Bedeutung gewordene Syntheſe des Alizarins, die erſte Syntheſe eines natürlichen Farbſtoffes. Daran reihen ſich die bleibend denkwürdigen Unterſuchungen von Ihnen und Liebermann über Anthracen und Alizarin. In der Folgezeit begegnen wir unter den Namen Ihrer Mitarbeiter wiederholt den Namen von Farbſtofftechnikern, mit denen Sie ſich zu der wiſſenſchaftlichen Erforſchung neuer techniſcher Vorgänge und Erzeugniſſe oder zur Verfolgung neuer in der Technik geſammelter Beobachtungen und Probleme verbündet hatten. Dieſes perſönlich-freundſchaftliche Zuſammenwirken von Vertretern der Wiſſenſchaft und Induſtrie, zu dem Sie — einer der erſten — die Hand geboten haben, iſt anerkanntermaßen fruchtbringend und erfolgreich für die Entwicklung der theoretiſchen Chemie und ihrer Anwendungen geworden. Heute gehen auf allen induſtriellen Gebieten Theorie und Praxis Hand in Hand. So begrüßen wir Sie denn an Ihrem heutigen Ehrentage mit frohem Feſtesgruß! Auf Ihr arbeitsreiches, der Wiſſenſchaft geweihtes Leben blicken wir zurück. Aber noch ſehen wir Sie vor uns in der Vollkraft Ihres Schaffens und Wirkens. Und ehe an dieſem Markſtein Ihres Daſeins ſich von neuem unſere Wege trennen, rufen wir Ihnen zu: Möge das Bewußtſein der dankbaren Anerkennung Ihrer Fachgenoſſen, möge die Erinnerung an die heutige „Graebe-Feier" Ihre fernere Lebensbahn ſonnenhell erleuchten und Sie zu neuen wiſſenſchaftlichen Erfolgen führen! Dazu bringen wir, Ihre Freunde, Schüler und Mitarbeiter aus der Wiſſenſchaft und Technik, Ihnen in herzlicher Verehrung unſere Glück- und Segenswünſche dar!

Dankrede von H. Caro anläßlich der Feier seines 70. Geburtstages.

(Mannheim, 13. Februar 1904).

Meine hochverehrten Herren, liebe Freunde und Kollegen!

Ich hoffte, meinen diesjährigen Geburtstag in aller Stille zu verleben. Stiller und ernster als sonst. Erinnert er doch an den Spruch: Des Menschen Leben währet 70 Jahr!

Es kam anders. Hiesige Freunde und Fachgenossen wollten mir den ernsten Gedenktag durch ihre freudige Anteilnahme verschönen. Vereine, die mich zu ihren Gründern oder Ehrenmitgliedern zählen oder deren Vorsitzender ich einst gewesen war, wünschten, nach alter Vereinssitte, den 70jährigen Genossen zu ehren. Ein Familienfest der Deutschen Wissenschaft und Technik, der Chemiker und Ingenieure, sollte gefeiert werden. Alle sollten daran teilnehmen, die mir wohl wollten, die meinem Herzen nahe ständen. Blumen sollten sie alle streuen auf meine Vergangenheit, mit Rosen und frischem Hoffnungsgrün umkränzen die dunkle Pforte der Zukunft.

So entstand die heutige Feier. Vergeblich war meine Abwehr. Freundschaftsbeweise in Wort und Schrift, Ehrenbezeugungen, wie ich sie niemals erstrebt, niemals erträumt hatte, sind mir in überraschender, in überwältigender Fülle heute zuteil geworden.

Empfangen Sie denn, meine hochverehrten Herren und Freunde, aus tiefbewegtem Herzen meinen innigsten Dank für Ihre mich beglückende Anteilnahme an meinem heutigen Ehrentage, für jeden Glückwunsch, für jeden Händedruck, den Sie mir dargebracht, für jede Ehrung, die Sie mir erwiesen!

Von nah und fern sind Sie herbeigekommen, alt und jung, manche aus weiter Ferne, nicht scheuend die Beschwerden der Reise und das Opfer an kostbarer Zeit. Ich bin tief gerührt und fühle mich beschämt durch soviel unverdiente Güte! Aber blicke ich um mich und schaue in so manches treue Freundesauge, denke ich daran, unter welchen Umständen, durch welche oft wunderbare Schicksalsfügung das Leben uns zusammengeführt hat, was wir gemeinsam erlebt, gedacht, geplant und gearbeitet haben, sehe ich vor mir den Freund meiner Jugend — Dich Theodor Peters, den ich schon gekannt und geliebt habe, als Du noch ein Knabe warst, der Du die Freundschaft Deines verewigten Bruders Richard mir treu bewahrt hast — sehe ich vor mir so viele hochverehrte Fachgenossen, die ihren Namen in die Geschichtstafeln der Wissenschaft und Technik mit leuchtenden Zügen eingegraben haben, blicke ich auf Sie, meine werten Vereinsgenossen, auf Sie, meine lieben alten Kollegen und Mitarbeiter, mit denen ich seit langen Jahren in guter Kameradschaft auf die hohen Ziele unseres Berufes und unsrer Berufsstellung losgesteuert bin, und endlich auf Sie, die Jüngeren unter den hier versammelten Fachgenossen, Sie, die Hoffnung unserer Zukunft — sehe ich alles dies, so fühle ich, daß erst hierdurch mein 70jähriger Geburtstag seine wahre Festesweihe erhalten hat, und die Freude zieht in mein Herz ein und verkündet mir mit Jubelruf, daß ich nicht vergebens gelebt habe, daß auch mir der große Wurf gelungen, eines Freundes Freund zu sein!

Dafür Ihnen allen nochmals meinen innigsten und wärmsten Dank!

Je höher aber mein Dankgefühl sich regt, desto dringender tritt auch die bange Frage an mich heran: Wodurch habe ich denn eine solche Fülle von freundschaftlicher Anteilnahme verdient?

Meine Freunde hatten diese Frage vorausgesehen und eine Antwort vorbereitet. Wir haben sie hier aus beredtem und berufenem Munde gehört. Auf mein ganzes Lebenswerk, auf meine Verdienste um die Wissenschaft und Technik, auf meine

Förderung von Vereinsbestrebungen wurde hingewiesen. Das gab ein farbenprächtiges Bild, voller Licht und Glanz. Aber die Antwort auf meine Frage war es nicht.

Wohl weiß ich, meine hochverehrten Herren, daß bei jedem Jubiläum der Jubilar in Dithyramben gefeiert wird. Man preist seine Tugenden, seine Verdienste, läßt aber den Anteil unerwähnt, den glückliche Zeitumstände und die fördernde Mitwirkung hervorragender Zeit- und Arbeitsgenossen an seinen Erfolgen genommen haben, und vollends verschweigt man seine Schwächen und Mißerfolge. Entwirft man ein Bild des Gefeierten, so idealisiert man seine Züge. Das ist nun einmal so Brauch. Noch hat die moderne Realistik keinen Eingang in das Kunstgebiet des Festredners gefunden. Noch dürfen wir unsere Jubilare in der Sprache des Herzens feiern, auf die Gefahr hin, daß wir des Guten zuviel tun und historisch nicht ganz korrekt sind. Noch dürfen wir ihr Lebensbild in leuchtenden Farben malen, sollte der Kritiker unser Kolorit auch nicht als naturwahr anerkennen. Sind wir doch dabei dem Gebote der Pietät gefolgt und haben alles Unschöne von der Feier ferngehalten, auf daß sie dem Jubilar und allen Festteilnehmern eine dauernd freundliche Erinnerung bleibe, schön und mild wie die Erinnerung an einen dahingeschiedenen lieben Freund.

Darf sich aber der Gefeierte damit zufrieden geben? Er kennt sich selbst und seinen Werdegang besser als andere, er weiß, welche Faktoren dabei mitgewirkt haben. Daher ist er am besten befähigt, eigenes von fremdem Licht zu unterscheiden. Das legt ihm aber die Pflicht auf, an der seinen Verdiensten gezollten Anerkennung Kritik zu üben und das Übermaß des Lobes bescheiden von sich abzuwenden. Meine hochverehrten Herren! So wenig man einen Baum aus dem Boden nehmen kann, ohne daß seinen weit darin verzweigten Wurzeln noch das Erdreich anhaftet, das ihm die Nahrung zugeführt, so wenig kann man das Lebensbild eines Mannes aus dem Hintergrunde seiner Zeit loslösen. Und lobt man die Früchte des Baumes, so denke man auch an die Sonne, die ihm Licht und Wärme spendete, an den Boden, in dem er gewachsen, und an den befruchtenden Regen, der darauf fiel. Man vergeſſe auch nicht den Gärtner, der ſeiner mit Kunſt und liebender Sorgfalt wartete! An alles dies dachte ich, als ich in dieſen Tagen mein ganzes Leben im Flug an mir vorüberziehen ließ.

Und weiter dachte ich, welche wunderbare Fügung über meinem Leben gewaltet und mich, wider alles Erwarten, bis hierher geleitet hat, wie ich nur dann und wann in mein Schickſal eingegriffen und doch, faſt willenlos, dem Traumwandler ähnlich, einem dunklen, unbewußten Drange folgend, zur rechten Stunde immer den rechten Weg gefunden habe, der mich dorthin führte, wo das beſcheidene Maß meines Wiſſens und Könnens zur leichteſten und wirkungsvollſten Geltung kommen, wo ich — um in der Sprache der Mechanik zu reden — meine kleine Kraft am längſten Hebelarm betätigen konnte. Ich dachte an meine Berufswahl, die mich durch eine glückliche Schickſalswendung von dem zuerſt erwählten Hüttenfach in die Welt der Farben und dann von der bereits eingeſchlagenen Laufbahn des Koloriſten zur richtigen Stunde und am richtigen Ort bis an die Wiege der neu entſtandenen Teerfarbeninduſtrie geführt hat, mit der ich dann aufgewachſen, in der ich alt geworden bin. Auch an mir haben ſich die Dichterworte bewahrheitet, die mir einſt eine teure Hand in mein Gedenkbuch ſchrieb:

„Wie von unſichtbaren Geiſtern gepeitſcht, gehen die Sonnenpferde der Zeit mit unſers Schickſals leichtem Wagen durch und uns bleibt nichts übrig als, mutig gefaßt, die Zügel feſtzuhalten und bald rechts, bald links, vom Steine hier, vom Sturze dort die Räder wegzulenken. Wohin es geht, wer weiß es? Erinnert er ſich doch kaum, woher er kam."

Gehe ich nun in meinen Erinnerungen bis zu ihren erſten Anfängen zurück, ſo erſcheint mir mein Leben wie eine Wanderung aus endlos weiter Ferne her, und doch nur wie ein Tag. Im Frührot der Kindheit war ich aufgebrochen, die heiße Sonne ſtrahlte auf den Jüngling und Mann, und heute, am späten Lebensabend, werfen ihre Abschiedsgrüße einen goldigen Schimmer auf den durchmessenen Weg. Es war eine herrliche Wanderung voll der größten und mächtigsten Eindrücke! Zogen auch oftmals Wolken am Himmel auf und warfen schwarze Schatten des Leides in das verzagende Herz, fielen auch rechts und links am Wege die treuen Wandergenossen, drohte auch die eigene Kraft zu versiegen — vorwärts ging es doch im Sturmschritt, die Begeisterung lieh mir Flügel, denn draußen war eine herrliche neue Zeit angebrochen, es kämpfte das Licht gegen die Finsternis, das Alte stürzte und laut erschallte der Ruf der Führer im siegreichen Streit. Es war die große, alles umgestaltende Epoche des „naturwissenschaftlichen Zeitalters", die ich mit durchlebt habe, des Zeitalters des Dampfes und der Elektrizität, des Zeitalters der wunderbaren Entdeckungen und Nutzanwendungen der Chemie, des Zeitalters des Weltverkehrs und des industriellen Aufschwungs, des glorreichen Zeitalters der Wiederaufrichtung des Deutschen Reichs! Alles, was der heutigen Generation als selbstverständlich gilt und nur noch ein schnell vorübergehendes Interesse gewährt, ich habe es entstehen sehen, und so tief war jeder neue Eindruck, daß noch heute die einzelnen Momente jener großen Zeit mit unverminderter Deutlichkeit in meiner Erinnerung fortleben. In meinem Geburtsjahr gab es noch keine Eisenbahn in Deutschland! Als Knabe sah ich noch dem Spiel des optischen Telegraphen zu. In den Berliner Hauptstraßen brannte schon Gas, in den Provinzialstädten aber noch die Öllampe, und in den Haushaltungen das Talglicht mit der sagenhaft gewordenen Lichtputzschere. Mit leisem Wellenschlag und kaum vernehmbar drang von ferne her das Rollen der Zeitgeschichte an unser Ohr. Briefe und Zeitungen brauchten Wochen und Monate, ehe sie zu uns vom fernen Ausland kamen.

Und nicht minder dunkel war die Nacht auf allen Gebieten des staatlichen und öffentlichen Lebens! Ein Deutschland gab es nicht, nur einen Deutschen Bund. Unter der strengen Zucht und der väterlichen Fürsorge des Polizeistaates wuchs man in engen, ärmlichen Verhältnissen, bevormundet und unselbständig heran, mißtrauend der eigenen Kraft, zaghaft und ohne Unternehmungsgeist. Handel und Industrie waren in ihrer Kindheit und wagten sich nicht über die engen Grenzen der Heimat hinaus. Der deutsche Ingenieur, der deutsche Chemiker, der deutsche Erfinder, sie mußten in das Ausland wandern, um dort ihre praktische Schule, ihr Arbeitsfeld und die Anerkennung der deutschen Tüchtigkeit zu finden.

Da brauste der Völkerfrühling heran und mit ihm das Wehen einer neuen Zeit. Das erste Opfer der Berliner Märztage sah ich vor meinen Augen fallen, zum ersten Male hörte ich den früher strengverpönten Ruf nach einem freien, einigen Deutschland. Wie mußte jener Ruf, wie mußten die sich überstürzenden Ereignisse jener Zeit das jugendliche Herz entflammen, für alles Große und Ideale, für Freundschaft und Verbrüderung begeistern! Ging auch der erste Frühlingsrausch wieder bald vorüber, deckte auch von neuem des Winters Schnee die allzufrühen Blüten, so blieb doch der großdeutsche Gedanke in den Herzen der akademischen Jugend lebendig und drängte zur Tat. Eine kleine Schar von ehemaligen Studierenden des Berliner Gewerbeinstituts gründete mit dem Wagemut der Jugend im Mai 1856 den ersten, ganz Deutschland umfassenden technisch-wissenschaftlichen Verein, den Verein deutscher Ingenieure, mit dem ausgesprochenen idealen Zweck: das innige Zusammenwirken der geistigen Kräfte deutscher Technik zum Wohle der gesamten vaterländischen Industrie zu fördern. Diese ideale Richtung ist dem Verein bis heute erhalten geblieben, durch sie wurde er zum größten technischen Verein der Welt.

Was der Jüngling einst geträumt, der Mann sollte es in glänzende Erfüllung gehen sehen. Es kam die große Zeit der deutschen Siege, die Gründung eines neuen deutschen Kaiserreichs.

In dieser mächtigen Bewegung entfalteten sich alle geistigen Kräfte der Nation. Auf den Schlachtfeldern erwachte das Selbstvertrauen, der Erfindungsgeist regte seine Schwingen, das von dem Verein Deutscher Ingenieure zuerst angestrebte deutsche Patentgesetz gab ihm Schutz und Antrieb, Wissenschaft und Technik gingen von nun an Hand in Hand. In dem Gefühl der neuerlangten Sicherheit gegen den äußeren Feind blühten Handel und Wandel auf, Fabriken entstanden allerorts, Kapitalien flossen den industriellen Unternehmungen von allen Seiten zu, und eine Armee geschulter Hilfskräfte, hervorgegangen aus den erweiterten oder neugegründeten Lehrstätten unserer deutschen Hochschulen, stellte sich in ihren Dienst. So nahm die deutsche Industrie einen unerhört schnellen und beispiellosen Aufschwung auf mechanischem und chemischem Gebiete und unter dem Schutze der deutschen Flagge wurde sie zu einer alle Märkte beherrschenden Weltindustrie.

Welche wunderbare Wandlung in der kurzen Spanne eines Menschenlebens! Nacht ward zum Tag, Raum und Zeit ward vernichtet!

Auf diesem glänzenden Hintergrunde des „naturwissenschaftlichen Zeitalters" hat sich nun auch mein Berufsleben abgespielt. An der alles umgestaltenden Geistesbewegung durfte auch ich teilnehmen, und nicht nur als Augenzeuge. Es war mir vergönnt, der Armee des Fortschrittes anzugehören und in der Sturmkolonne der Pioniere der Teerfarbenindustrie unter der Leitung großer Führer mitmarschieren und mitkämpfen zu dürfen.

Bekanntlich ist diese aus wissenschaftlicher Forschung hervorgegangene Industrie in England entstanden und später in Deutschland zu ihrer jetzigen hohen Blüte gelangt. Auch diese Wanderung und Wandlung habe ich mitgemacht, zuerst während eines siebenjährigen Aufenthaltes in England als Fabrikant und dann in Deutschland als Beamter der Badischen Anilin- und Sodafabrik.

Fast will es mir scheinen, als wäre ich zu der Laufbahn eines Farbstoffchemikers schon von der Wiege an durch eine günstige Konstellation am chemischen Firmament bestimmt gewesen. Erschienen daselbst doch gerade in meinem Geburtsjahr 1834, zum Teile sogar in meinem Geburtsmonat Februar, viele der hellsten Leitsterne für meine spätere Berufsrichtung! Peligot und Mitscherlich stellten Benzol und Benzophenon aus der Benzoesäure dar, Mitscherlich chlorierte, bromierte und sulfonierte das Benzol, erhielt Nitrobenzol und Azobenzol. Runge entdeckte im Steinkohlenteer das Anilin, die Carbolsäure, das Chinolin und die Rosolsäure. Runge beobachtete 1834 zuerst die blaue Chlorkalkreaktion des Anilins, die Bildung des Emeraldins durch Kupfersalze und die prächtig rotgefärbten Farbstofflacke der Rosolsäure; ja, er dachte sogar bereits an eine gewerbliche Verwertung seiner neuen Funde. Wie lange Jahre mußten aber noch vergehen, ehe diese Vorahnungen einer künstlichen Farbstoffindustrie zu industriellen Taten wurden!

In diesem 25 jährigen Zwischenraume schuf wissenschaftliche Forschung auf dem durch Justus Liebig erschlossenen Boden der organischen Chemie die sicheren Grundlagen für den späteren Aufbau einer Teerproduktenindustrie. Hauptsächlich waren es die glänzenden, 1843 begonnenen Arbeiten von August Wilhelm Hofmann: „Über das Anilin und seine Derivate", die zu dem ersten in Hofmann's Laboratorium in London 1856 von seinem 17 jährigen Assistenten William Henry Perkin aufgefundenen und wenige Jahre darauf epochemachend gewordenen Anilinfarbstoffe führten.

In demselben 25 jährigen Zwischenraume verliefen nun auch meine Kinder- und Knabenjahre, die zehnjährige Gymnasialzeit auf dem Kölnischen Realgymnasium zu Berlin, die drei Studienjahre auf dem Gewerbeinstitut und der Universität mit ihren unvergeßlichen Erinnerungen an meine großen Lehrer Magnus, Dove und Rammelsberg, und an den geistig anregenden, treuen Freundeskreis der „Hütte". Dann folgten vom Frühjahr 1855 an meine praktischen Lehrjahre in der Färberei und Kattundruckerei zu Mülheim a. d. Ruhr unter der Leitung des erfahrenen Elsässer Koloristen Achille Steinbach. Im November 1859 ging ich nach Manchester, dem Zentrum der Baumwollindustrie, um mich dort in meinem Fache weiter auszubilden.

Als ich meine Lehr- und Wanderjahre in der Praxis, auf Veranlassung meines wohlwollenden Gönners Druckenmüller, des damaligen Direktors des Gewerbeinſtituts, angetreten hatte, um mich für das Lehramt an einer ſpäter zu gründenden ſtaatlichen Koloriſtenſchule praktiſch vorzubereiten, hatten mir die Dichterworte vorgeſchwebt:

Wer ſoll Lehrling ſein? Jedermann!
Wer ſoll Geſelle ſein? Wer was kann!
Wer ſoll Meiſter ſein? Wer was erſann!

Nun, Lehrling und Geſelle war ich geworden. Jetzt wollte ich auch Meiſter werden! In dem Koloriſtenfache war es aber damals äußerſt ſchwer, ſein Meiſterſtück zu machen und etwas hervorragend Neues zu erſinnen. Die Natur lieferte ausſchließlich die ſchon von alters her bekannten Farbſtoffe, und die Methoden ihrer Anwendung in der Färberei und Druckerei waren durch tauſendfältig erprobte und von Vater auf Sohn überlieferte Rezepte empiriſch feſtgeſtellt. Mit dem erſten erfolgreich in die Technik eingeführten Anilinfarbſtoff, dem Perkinſchen Anilinviolett, war nun ein gänzlich neues, unabſehbar weites Gebiet eröffnet worden, ein Wunderland von ſeltſam-phantaſtiſchem Reiz, mit farbenleuchtenden Blumen und goldenen Früchten, und wer da nur ſuchen wollte, der konnte und mußte, faſt mühelos, neues finden und erſinnen. Zum Eintritt in dieſes Gebiet bot nun John Dale, der Chef der hochangeſehenen chemiſchen Fabrik von Roberts, Dale & Co. in Mancheſter, ein ſelf made man im beſten Sinne des Wortes und einer der hervorragendſten chemiſchen Fabrikanten ſeiner Zeit, dem jungen Ankömmling die Freundeshand. Anilin war damals noch kein Handelsprodukt. Für meine Erſtlingsverſuche ſtellte ich es mir noch aus Indigo dar und, geſtützt auf die Analogie gewiſſer Oxydationserſcheinungen des Anilins mit der mir vom Kattundruck her bekannten Oxydation der Katechufarben auf der Faſer mittels Kupferſalzen, gelang es mir bald, etwas Neues zu finden und im Verein mit Thomas Roberts und John Dale die eigene Fabrik zu errichten. Das war allerdings eine arbeits- und mühevolle Aufgabe, denn der jungen Teerfarbeninduſtrie fehlten anfänglich noch alle Hilfsmittel und Hilfskräfte, über welche die heutige in fast verschwenderischer Fülle gebietet. Man mußte sein eigener Chemiker, Ingenieur, Baukonstrukteur, Betriebsführer, Kaufmann und Geschäftsreisender sein, aber jene erste Zeit mit ihren täglichen Überraschungen war doch für Alle, die sie miterlebt haben, voll poetischen Reizes, und das half über alle Schwierigkeiten hinweg. Das war die Zeit, in welcher der Wert der wissenschaftlichen Forschung für die Lösung technischer Aufgaben mehr als je zuvor in die Erscheinung trat und den Praktiker antrieb, Rat und Hilfe bei der Wissenschaft zu suchen. Das war aber auch die Zeit, in der die Wissenschaft zu der Praxis hinabstieg, um auf dem von ihr durchwühlten Boden nach den dabei mit zutage geförderten wissenschaftlichen Schätzen zu suchen. Und hatte der Praktiker wissenschaftlichen Sinn, so suchte er selbst und legte dankbar seinen Fund in die Hände der seinen Pfad erleuchtenden Wissenschaft. Aus dieser innigen Wechselwirkung zwischen Wissenschaft und Technik sind persönliche Beziehungen hervorgegangen, welche der Entwicklung der Teerfarbenindustrie ihr eigentümliches Gepräge gegeben haben und für beide Teile nutzbringend geworden sind.

Auch mir war es vergönnt, während meiner Berufstätigkeit in England, und in noch viel weiterem Maße später in Deutschland in äußerst zahlreiche und zum Teil bis auf den heutigen Tag nachwirkende Beziehungen zu Männern der Wissenschaft zu treten, ihren fördernden Einfluß auf meine Arbeiten dankbar zu empfinden und ihnen gelegentlich, so gut ich es vermochte, Beobachtungen aus der Praxis mitzuteilen, die mir ein wissenschaftliches Interesse darzubieten schienen. Die Erinnerungen an diesen geistigen Verkehr mit den Besten meiner Zeit, von denen manche mich ihren Freund genannt haben, bilden das höchste und reinste Glück meines Lebens. Sind aber aus diesem Verkehr wissenschaftliche Arbeiten hervorgegangen, die auch meinen Namen mittragen, so gebührt mir doch kein oder nur ein untergeordneter Anteil an ihrem wissenschaftlichen Verdienst. Das Licht, das von solchen gemeinschaftlichen Arbeiten ausgegangen ist, war das Sonnenlicht jener großen Forscher, das meinige daneben war nur ihr Abglanz, war nur ein planetarisches Licht.

Und spricht man von meinen technischen Verdiensten und namentlich von denen aus meiner späteren deutschen Arbeitszeit, wo alle Hilfsmittel unserer größten Farbstoffabrik mir reichlich zur Verfügung standen, so denke man auch daran, daß von der ersten Laboratoriumsbeobachtung bis zu dem technischen Endziel, dem wirtschaftlichen Erfolg, viele Kräfte sich gegenseitig unterstützen müssen, und daß die mir so reichlich gespendete Anerkennung von mir nur entgegengenommen werden darf, um sie auch meinen ausgezeichneten Mitarbeitern zuzuwenden.—

Kehre ich nun zu der von mir aufgeworfenen Frage zurück, wodurch ich denn die mir heute dargebrachte Fülle von freundschaftlicher Anteilnahme verdient habe, so gibt mir der Rückblick auf mein Leben darauf die Antwort. Nicht die Anerkennung irgend einer besonderen wissenschaftlichen oder technischen Großtat hat Sie hier versammelt, auch nicht die Anerkennung irgend eines persönlichen Verdienstes um die Vereine der Chemiker und Ingenieure. Bewußt oder unbewußt hat uns ein kameradschaftliches Gefühl hier zusammengeführt. Nicht einem schon fast der Vergangenheit angehörigen Chemiker oder Techniker wollten Sie Ihre freundschaftlichen Sympathien an seinem 70jährigen Geburtstag bezeugen, sondern einem alten, guten Kameraden, dessen ganzer Lebenslauf Ihr Interesse beansprucht hat, weil er in die große Zeit gefallen ist, deren sich die Älteren unter uns noch mit Freude erinnern und von der die Jüngeren mit Bewunderung gelesen und gehört haben, die große Zeit, in der die Nacht verging, in der es ringsum hell und licht auf allen Gebieten wurde, die Zeit, wo der erste Sonnenstrahl der Wissenschaft auch die alte, finstere Empirie verscheuchte und unsere große deutsche Industrie entstand. Jeder in unserem Kreise, alt oder jung, Chemiker oder Ingenieur, gehört der damals gebildeten Armee des geistigen und industriellen Fortschritts an, uns alle verbindet ein echtes kameradschaftliches Gefühl, wir feiern gemeinsam die Erinnerungsfeste an unsere Siege, wir ehren gemeinsam unsere Veteranen, gemeinsam betrauern wir unsere Toten. Die Reihen der alten Kämpfer lichten sich von Jahr zu Jahr und die Überlebenden werden die Erben ihres Ruhms. Nicht fragt man dann noch jeden Veteran, in welcher Schlacht er mitgekämpft, wie groß sein eigenes persönliches Verdienst gewesen sei. An jedem seiner Ehrentage jubeln wir ihm zu, wenn er aus seiner großen Zeit erzählt und dann in glückseliger Erinnerung sagt: Auch ich war dabei!

In diesem Sinne fasse ich die heutige Festesfeier auf und nehme die Ihrem alten Kameraden so herzlich und so überreich gespendeten Ehren mit tiefem Dank und freudigem Stolze an. Der Himmel schenke jedem von Ihnen, meine hochverehrten Herren, einen 70jährigen Geburtstag wie den meinen!

Über die Entwicklung der chemischen Industrie von Mannheim-Ludwigshafen a. Rh.

Vortrag gehalten bei der Hauptversammlung des Vereins deutscher Chemiker in Mannheim am 26. Mai 1904.

Hochansehnliche Versammlung!

In den jährlichen Wanderversammlungen des Vereins Deutscher Chemiker ist es alter, gastlicher Brauch, den Fachgenossen einen Einblick in die chemische Industrie des Festbezirkes zu gewähren. Auch unser diesjähriges Programm gibt hiervon Kunde. Bei der flüchtigen Durchwanderung einzelner Fabrikbetriebe gewinnt man aber keinen Gesamteindruck von der vielgestaltigen Industrie und kein Urteil über ihre eigenartigen Entstehungs-, Entwicklungs- und Existenzbedingungen. Über viele Arbeitsstätten der modernen chemischen Technik breitet auch noch immer das Geheimnis der alten Schwarzkunst seine dichten Schleier. Da muß denn das Wort ergänzen, was dem Auge verhüllt bleibt. Auch diesem in unsern Jahresversammlungen oft geübten Brauch wollte der oberrheinische Bezirksverein, unser diesjähriger Gastfreund, heute folgen. Mit dankenswertem Eifer haben ihm seine Mitglieder und Freunde geschichtliche, technische und statistische Angaben über die industrielle Entwicklung der Schwesterstädte Mannheim - Ludwigshafen a. Rh. in überreicher Fülle zur Verfügung gestellt, und mich, sein ältestes Mitglied, hat er beauftragt, eine Auslese des Wissenswertesten dieser festlichen Versammlung zum Willkommgruße darzubringen.

Sei es mir nun gestattet, in großen flüchtigen Umrissen ein Bild der wesentlichen Momente zu entwerfen, denen die hiesige chemische Industrie ihre staunenswerte Entwicklung von kleinen, ärmlichen Anfängen an bis zu ihrer gegenwärtigen Machtentfaltung verdankt. Den Rahmen und Hintergrund unserer Skizze bilde die Erinnerung an die große Zeit, in welcher der wunderbare Aufschwung der deutschen chemischen Wissenschaft und Technik sich vollzog. Um das Bild aber ranke sich Efeu und Lorbeer zum dankbaren Angedenken an die dahingeschiedenen Gründer und Förderer unserer oberrheinischen chemischen Industrie von Mannheim-Ludwigshafen.

Die chemische Industrie — im heutigen Sinne des Wortes — ist erst durch die seit Lavoisier auf quantitative Forschung gegründete Chemie in das Leben gerufen und, schritthaltend mit dem Fortschritt der Wissenschaft, erst seit der Mitte des vorigen Jahrhunderts in die gegenwärtigen Bahnen ihrer kraftvollen Entwicklung geleitet worden.

Die Wandlung der bis in die dunkelsten Zeiten der Alchimie und Iatrochemie zurückreichenden chemischen Technik aus blinder Empirie zu einer ihres Ziels und Wegs sich bewußten Industrie — aus Nacht zum Licht — begrüßte Justus Liebig[1]) zu jener Zeit an mehreren Stellen seiner klassischen „Chemischen Briefe" mit den Worten:

„Die Entdeckung der Gesetze, denen sich alle Vorgänge, die Zahl und Maß umfassen, in der organischen sowohl wie in der Welt der Mineralien unterordnen, die alle chemischen Prozesse regeln und beherrschen, ist der anerkannt wichtigste und in seinen Folgen reichste Erwerb dieses Jahrhunderts ... Seit der Entdeckung des Sauerstoffs hat die zivilisierte Welt eine Umwälzung in Sitten und Gewohnheiten erfahren. Die Kenntnis der Zusammensetzung der Atmosphäre, der festen Erdrinde, des Wassers, ihr Einfluß auf das Leben der Pflanzen und Tiere knüpfen sich an diese Entdeckung. Der vorteilhafte Betrieb zahlloser Fabriken und Gewerbe, die Gewinnung von Metallen steht damit in der engsten Verbindung. Man kann sagen, daß der materielle Wohlstand der Staaten um das Mehrfache dadurch seit dieser Zeit erhöht worden ist, daß das Vermögen

---
[1]) Chemische Briefe von Justus Liebig. III. Aufl. (1851). Brief 1 u. 2.

eines jeden einzelnen damit zugenommen hat. Eine jede einzelne Entdeckung in der Chemie hat ähnliche Wirkungen in ihrem Gefolge, eine jede Anwendung ihrer Gesetze ist fähig, nach irgend einer Richtung hin dem Staate Nutzen zu bringen, seine Kraft, seine Wohlfahrt zu erhöhen."

Und mit prophetischem Blicke verkündet Liebig:[1])

„Wir halten es für möglich, ganze Städte aufs glänzendste zu erleuchten mit Lampen ohne Flamme, ohne Feuer und zu denen die Luft keinen Zutritt hat ... Wir glauben, daß morgen oder übermorgen jemand ein Verfahren entdeckt, aus einem Stück Holzkohle einen prächtigen Diamanten, aus Alaun Saphire oder Rubine, aus Steinkohlenteer den herrlichen Farbstoff des Krapps oder das wohltätige Chinin oder das Morphin zu machen ... Eine neue Wissenschaft, unerschöpflich wie das Leben selbst, entwickelte sich auf dem gesunden und festen Stamm der anorganischen Chemie; nach den Knospen, Blättern und Zweigen muß die Blüte, nach der Blume sich die Frucht entwickeln; die Pflanzen- und Tierchemie sucht im Verein mit der Physiologie die geheimnisvollen Quellen des organischen Lebens zu erforschen."

Wie vieles von diesen Prophezeiungen ist bereits in glänzende Erfüllung gegangen! Wie vieles liegt in absehbarer Nähe! Wie bezeichnet alles den Weg, den seither Wissenschaft und Technik gemeinsam eingeschlagen haben, von den organischen Produkten zu der Farbstoffwelt des Steinkohlenteers, von dem künstlichen Farbstoff zu dem synthetischen Heilmittel, zu der Antiseptik, zu der Erkennung und Bekämpfung der Krankheitserreger und weiter bis zu den letzten Forschungen der physiologischen Chemie!

Aber auch rückwärts wendet der Meister seinen Blick und dankbar gedenkt er der mühseligen Arbeit der vergangenen Jahrhunderte, die im Irrlichtschimmer falscher Theorie den Boden für den späteren Fortschritt schuf. „Auf welchem Standpunkt" — fragt er[2]) — „wäre die heutige Chemie ohne die

---
[1]) Brief 3 u. 9.
[2]) Brief 3.

Schwefelsäure, welche eine über 1000 Jahre alte Entdeckung der Alchimisten ist, ohne die Salzsäure, die Salpetersäure, das Ammoniak, ohne die Alkalien, die zahllosen Metallverbindungen, den Weingeist, Äther, den Phosphor, das Berlinerblau! Die Goldmacherkunst schloß alle technisch-chemischen Gewerbszweige in sich ein. Was Glauber, Böttger, Kunkel in dieser Richtung leisteten, kann kühn den größten Entdeckungen dieses Jahrhunderts an die Seite gestellt werden. Die Alchimie war die Wissenschaft. Der Stein der Weisen, den die Alten im dunkeln, unbestimmten Drange suchten, ist in seiner Vollkommenheit nichts anderes gewesen als die Wissenschaft der Chemie. Ist sie nicht der Stein der Weisen, der uns verspricht, die Fruchtbarkeit unserer Felder zu erhöhen und das Gedeihen vieler Millionen Menschen zu sichern, verspricht sie uns nicht, statt sieben Körner, deren acht und mehr auf demselben Felde zu erzielen? Ist nicht die Chemie der Stein der Weisen, welcher die Bestandteile des Erdkörpers in nützliche Produkte umformt, welche der Handel in Gold verwandelt; ist sie nicht der Stein der Weisen, der uns die Gesetze des Lebens zu erschließen verspricht, der uns die Mittel liefern muß, die Krankheiten zu heilen und das Leben zu verlängern?"

Diese unvergänglich schönen und denkwürdigen Aussprüche des größten deutschen Chemikers haben heute und hier eine besondere Bedeutung. Nicht nur, weil unsere jährlichen Festversammlungen seinem Andenken geweiht sind und weil die heutige Verleihung der Liebig-Denkmünze „für hervorragende Verdienste auf dem Gebiete der angewandten Chemie" in uns aufs neue das Bild des bahnbrechenden Forschers wachgerufen hat, der mehr als dies je zuvor geschehen die Wissenschaft dem Leben dienstbar machte und der Praxis die wissenschaftlichen Wege des Erfolges wies, indem er beiden mit dem Feuereifer eines Apostels zurief:

„Durch die Wissenschaft macht der Mensch die Naturgewalten zu seinen Dienern, in dem Empirismus ist es der Mensch, der ihnen dient. Die Wirkungen regieren seinen

Willen, während er durch Einsicht in ihren inneren Zusammenhang die Wirkungen beherrschen könnte[1]".

Justus Liebig, der Forscher, der Entdecker, der Lehrer und Prophet, mußte hier zum ersten Wort gelangen, weil sich gerade in dem Entwicklungsgange der chemischen Industrie von Mannheim-Ludwigshafen sein gewaltiger Einfluß noch bis heute unverkennbar geltend macht. War doch das nahe Liebigsche Laboratorium die erste Pflanzstätte des chemischen Unterrichts und der experimentellen Forschungsmethode, denen die deutsche chemische Technik ihre wissenschaftliche Denk- und Arbeitsweise und ihre heutige Armee geschulter Hilfskräfte verdankt. In Darmstadt, dem Geburtsorte Liebigs, und in Gießen, der Stätte seines langjährigen Wirkens, führt seine wunderbare persönliche Anziehungskraft nicht nur den Architekten August Kekulé und den Philologen August Wilhelm Hofmann dem von ihm neu erschlossenen Gebiete der organisch-chemischen Forschung zu, sondern auch in den weitesten Kreisen erweckt seine neue, verheißungsvolle Lehre das allgemeine Interesse an der Chemie, zahlreiche Schüler strömen ihm zu, Darmstadt vor allen wird eine Chemikerstadt, und aus Gießen geht die Chemikerfamilie Clemm hervor, die an der Entwicklung der hiesigen chemischen Industrie drei Generationen hindurch auf das hervorragendste beteiligt ist. Liebigs Assistenten und Schüler: Clemm-Lennig und Gundelach, werden die ersten wissenschaftlich geschulten Gründer und Leiter unserer chemischen Großindustrie und ihr wissenschaftlicher Berater bleibt bis an sein spätes Lebensende Liebigs einstiger Assistent und Kollege: Remigius Fresenius, gefeierten Angedenkens. Die von Liebig begründete chemische Düngerlehre veranlaßt hier die Errichtung von Superphosphat- und Schwefelsäurefabriken, den Rübenfeldern der im Umkreise von Mannheim-Ludwigshafen bestehenden altberühmten Zuckerindustrie führt sie die Kalisalze zu. Sein Chloral und Chloroform werden zu schwunghaft betrie-

---

[1] Brief 2.

benen Fabrikationen, „Liebigs Silberspiegel" verdrängen auf dem Waldhof den früheren Quecksilberbelag. Die unter Liebigs Einfluß und Leitung im Gießener Laboratorium begonnenen bahnbrechenden Untersuchungen von August Wilhelm Hofmann über das Anilin und dessen Derivate schaffen aber im Verein mit der Benzoltheorie seines denkgewaltigen Schülers August Kekulé die wissenschaftlichen Grundlagen für die glänzende Entwicklung, welche die Teerfarbenindustrie und — mit ihr und durch sie mitbedingt — die gesamte chemische Industrie von Mannheim-Ludwigshafen seither genommen hat.

Wenden wir uns nun ihrer Betrachtung zu.

Industrien zeigen ein organisches Wachstum, dem der Bäume vergleichbar. Der Unternehmungsgeist trägt die Keime herbei, findet er für sie in richtiger Erkenntnis ihrer Lebensbedingungen — oder durch Glück und Zufall — den geeigneten Boden, so treiben sie Wurzeln; Stämme wachsen empor und aus diesen entwickeln sich bald die Blätter und früchtetragenden Zweige. Die industrielle Aussaat bedarf aber der Befruchtung durch den schöpferischen menschlichen Geist; die daraus hervorgehenden Industriezweige tragen daher auf Jahre hinaus das individuelle Gepräge des Genies, der Tatkraft und der Sinnesart ihrer ersten Gründer. Werfen wir daher zunächst einen Blick auf die Gründungsgeschichte unserer hiesigen Industrie.

Die deutschen chemischen Fabriken verdanken ihren Ursprung zum Teil dem von alters her bestehenden Bedarf der Künste und Gewerbe, zum Teil dem der Heilkunst. Letztere und manche der ersteren gingen aus den Apotheken hervor, den alten deutschen Pflegestätten gewerblich-chemischer Forschung. Beide industrielle Richtungen sind auch hier vertreten, aber unter anderen Lebensbedingungen entstanden als anderwärts. Während für die Gründung von vielen deutschen Fabriken der Bezug ihrer Rohmaterialien maßgebend war, wie z. B. für die in unmittelbarer Nähe von Salinen, Bergwerken, Hütten, Wäldern, Kohlensäurequellen entstandenen Werke von

Schönebeck, Staßfurt, Heilbronn, Bernburg, Freiberg, Stolberg, Rübeland, Brohl ufw., fiedelten fich andere Fabriken in der Nähe ihrer Abfatzgebiete an wie z. B. die für den Bedarf der Textilinduftrie arbeitenden Werke von Berlin und deffen Umgebung oder wie die chemifchen Fabriken von Elberfeld, Duisburg, Crefeld, Chemnitz und andere mehr. Solche günftige Bedingungen für Produktion und Abfatz waren hier aber urfprünglich nicht vorhanden. Die Rohmaterialien mußten von auswärts, zum Teil aus weiter Ferne bezogen werden, für die Fabrikate fand fich hier nur ein befchränkter Markt. Diefe Nachteile wurden aber nach und nach durch die günftige geographifche Lage von Mannheim an unferer mächtigften deutfchen Verkehrsader, der großen Wafferftraße des Rheins an deffen Zufammenfluß mit dem Neckar reichlich wieder ausgeglichen. Dazu trat die Tatkraft eines weitblickenden, vermögenden Handelsftandes und der großzügige pfälzifche Unternehmungsgeift. Bereits feit der 1827 erfolgten Einführung der Dampffchiffahrt auf dem Rhein[1]) und mehr noch feit der Eröffnung der hiefigen Dampffchleppfchiffahrt wurde das Kohlenrevier der Ruhr der hiefigen Induftrie allmählich erfchloffen, nach der Vollendung der pfälzifchen Ludwigsbahn am Schluffe der vierziger Jahre trat noch die Saarkohle als weitere Energiequelle hinzu. Mit der unter der Initiative erleuchteter Regierungen und Städteverwaltungen rafch und unaufhaltfam voranfchreitenden Entwicklung des Verkehrswefens fchwand immer mehr der hemmende Einfluß weiter Entfernung, Handel und Induftrie zogen immer weitere Kreife über ganz Deutfchland hin und bald über feine Grenzen hinaus, fie durchbrachen die Alpen und ftrebten dem Weltmeere zu, neue Bezugsquellen, neue Abfatzgebiete in den fernften Ländern eröffneten fich der hiefigen chemifchen Produktion. Hin und her trug das Rheinfchiff das

---

[1]) Vgl. Oefer, Gefchichte der Stadt Mannheim, S. 625ff. Die „Mannheimer Dampffchleppfchiffahrts-Gefellfchaft" wurde 1842 von dem Mannheimer Handels- und Schifferftand gegründet. Die Zufuhr von Ruhrkohle ftieg in Mannheim (nach den Jahresberichten der Zentralkommiffion für Rheinfchiffahrt) von 5396 t im Jahre 1841 auf das Zehnfache im Jahre 1860 und auf 2 284 661 t im Jahre 1900.

Rohmaterial und das durch die Veredlungskunſt des Chemikers erzeugte Fabrikat.

Und als dann die große Zeit der Wiederauferſtehung des Deutſchen Reiches kam, als der Rhein nicht mehr „Deutſchlands Grenze" geblieben, ſondern „Deutſchlands Strom" geworden war, da gewann auch die hieſige und insbeſondere die im Aufblühen begriffene linksrheiniſche chemiſche Induſtrie das langentbehrte Gefühl der Sicherheit, daß ſie ſich nicht mehr auf einem vom Nachbar begehrten und bedrohten Grenzpoſten befand. Die deutſchen Siege hatten das Bewußtſein der eigenen Kraft neu erweckt, dem Unternehmungs- und Erfindungsgeiſte neue Triebkraft verliehen. Alles drängte jetzt an das Licht, alles ſtrebte vorwärts. Ein unerhörter Aufſchwung zeigte ſich auf allen wirtſchaftlichen Gebieten, der Wohlſtand mehrte ſich, die Städte wuchſen und mit ihnen die Fabriken. Da wandte ſich auch das geſchäftliche Intereſſe weiteſter Kreiſe der chemiſchen Induſtrie zu; durch Neugründungen oder Fuſionen bereits beſtehender Fabriken entſtanden große Geſellſchaften, das Kapital ſuchte und fand ein neues Arbeitsfeld und man rüſtete ſich nun gemeinſam zu einem neuen, friedlichen Kampfe gegen das Ausland. Jetzt galt es, deſſen Induſtrie zu überflügeln und mit vereinter Kraft unter deutſcher Flagge den Weltmarkt zu erobern. Und als die Sonne des neuen Jahrhunderts über der Pariſer Weltausſtellung hellſtrahlend heraufſtieg, da leuchtete ſie dort auf den Sieg der deutſchen chemiſchen Induſtrie. In dem Ruhmeskranze glänzten die Namen: Mannheim - Ludwigshafen.

Auf dieſem Hintergrunde hebt ſich nun unſer Bild der hieſigen Induſtrieentwicklung ab. Betrachten wir es näher.

Auch unſere hieſige chemiſche Induſtrie[1]) hat ſich „auf dem

---

[1]) Die erſten Anfänge einer hieſigen chemiſchen Gewerbtätigkeit ſind aus dem für die damalige Zeit außerordentlichen induſtriellen Unternehmungsgeiſt des Hofkammerrats Jean Baptiſt von Villiez hervorgegangen, der 1788 das kurfürſtliche Privileg für eine Puder- und Stärkefabrik erhielt und ſolche in Verbindung mit einer Ölmühle neben der Michelſchen Krappmühle in der Schwetzinger Vorſtadt erbaute. Nachdem der Eisgang von 1789 das Fabrikgebäude zerſtört

gefunden und festen Stamm der anorganischen Chemie entwickelt". „Die Fabrikation der Soda aus gewöhnlichem Kochsalz" — sagt Liebig[1]) — „kann als Grundlage des außerordentlichen Aufschwungs betrachtet werden, welchen die moderne Industrie nach allen Richtungen gewonnen hat". Wie ist dieser zum Fundament der „Chemischen Großindustrie" gewordene „Leblanc-Sodaprozeß" hierher gelangt? Darüber hören wir folgendes:

In den Jahren 1810—1815 kam der Handelsmann Paolo Giulini von Oberitalien nach Mannheim als Mitglied der Drogengesellschaft Maggi-Graselli & Co., welche Drogen von Italien nach Deutschland einführte und verschiedene Filialen errichtete. Die Mannheimer Filiale wurde von Paolo Giulini geleitet und, als die Firma aufgelöst wurde, von ihm erworben und weitergeführt. 1823 kaufte er das Gut „Grohhof" bei Mannheim und gründete dort eine chemische Fabrik. Der daselbst 1836 aufgenommene Schwefelsäurebetrieb war unbedeutend, die Anlage bestand aus einer Bleikammer, in der man die aus sizilianischem Schwefel erzeugte schweflige Säure durch Verpuffen von Salpeter und Einspritzen von Wasser in Schwefelsäure überführte. Als Heizmaterial diente Torf aus der Umgegend von Lampertheim[2]). Auch etwas Soda wurde um diese Zeit schon hergestellt. Das Drogengeschäft verkaufte Giulini

---

hatte, verlegte Villiez seinen Betrieb nach Käferthal, wo er das kurfürstliche Jagdgebäude in Erbpacht erhielt. Er nahm nunmehr die Essigsiederei, Branntweinbrennerei und Bierbrauerei auf. In den 90er Jahren des 18. Jahrhunderts projektierte er bereits die Aufstellung von Dampfmaschinen u. a. auch für Mühlzwecke, besonders aber zur Torfgewinnung und Torfverkohlung in Sandtorf (bei Lampertheim), da er Torf und Torfkohle als billiges Ersatzmittel für Brennholz einzuführen beabsichtigte, — in erster Linie natürlich im Hinblick auf seine „Feuermaschinen". Im Anfang des 19. Jahrhunderts wandelte Villiez seine industrielle Anlage in eine Bleizuckerfabrik um, die im Gegensatz zu seinen früheren verlustreichen Experimenten einen guten Fortgang nahm und wohl als die erste chemische Fabrik des Mannheimer Bezirkes gelten darf. (Nach frdl. Mitteilung von Herrn Dr. Friedr. Walter).

[1]) Chemische Briefe, Brief 11.
[2]) Vgl. obige Anm.

1834 an Friedrich Ballermann, der bei ihm im Geschäft war und mit diesem Erwerb den Grund zu der heutigen großen Drogenfirma „Ballermann & Co."[1]) legte. 1851 kaufte Dr. Carl Clemm-Lennig aus Gießen in Gemeinschaft mit Heinrich Fries aus Mannheim die inzwischen aufgeblühte Giulinische Fabrik und gründete eine Aktiengesellschaft unter der Firma „Chemische Fabrik Wohlgelegen bei Mannheim"[2]).

Zu derselben Zeit setzten Dr. Gustav Clemm aus Gießen, der Bruder von Dr. Clemm-Lennig, und Christian Boehringer aus Stuttgart die „Chemische Fabrik Heilbronn" in Betrieb. Anlaß zu diesen beiden Neugründungen hatte die Prosperität der von der Saline Ludwigshall und einem Konsortium 1828 gegründeten „Großherzoglich Hessischen konzessionierten chemischen Fabrik Neuschloß bei Worms" gegeben. Nach Erwerbung einer in Käferthal bestehenden Sodafabrik war der Betrieb derselben nach Neuschloß (bei Lampertheim) verlegt und dort 1829 aufgenommen worden. Die durch ehemalige Apotheker gemachten Betriebseinrichtungen erwiesen sich aber bald als verbesserungsbedürftig und veranlaßten den kaufmännischen Direktor der Fabrik, Ernst T. Hintz, 1840 von Charles Kestner in Thann die in der damals berühmten Elsässer Fabrik seit 1823 eingeführten und seitdem vervollkommneten Fabrikationseinrichtungen für Neuschloß zu erwerben. Der in der Folge zwischen den Fabriken Wohlgelegen, Heilbronn und Neuschloß entbrennende Konkurrenzkampf führte zunächst zu der Vereinigung von „Wohlgelegen" und „Heilbronn" und schließlich 1854 zu der

---
[1]) Friedrich Ballermann verkaufte das unter seiner Namensfirma gegründete Geschäft 1841 an seinen Bruder Julius Ballermann und an seinen seitherigen Mitarbeiter August Herrschel, die es unter der Firma „Ballermann & Herrschel" weiterführten. Mitte 1902 wurde nach dem Ausscheiden von August Herrschel die Firma in ihre gegenwärtige Bezeichnung umgeändert.

[2]) Die Angaben über den „Verein Chemischer Fabriken" und die Familie Clemm sind freundlichen Mitteilungen von Prof. Dr. E. Hintz (Wiesbaden) und Kommerzienrat Dr. Adolf Clemm (Mannheim) zu verdanken.

Fusion der drei Fabriken unter der noch heute — also seit 50 Jahren — bestehenden Firma „Verein chemischer Fabriken Mannheim".

Die Leitung verblieb anfänglich in den Händen von Ernst T. Hintz, Dr. Gustav Clemm und Christian Boehringer. Dagegen schied Dr. Clemm-Lennig aus und errichtete 1855, hauptsächlich auf den epochemachenden Arbeiten seines großen Meisters Liebig über Pflanzenernährung fußend, in Mannheim jenseits der Neckarbrücke die erste größere chemische Düngerfabrik in Südwestdeutschland, die ihren Betrieb zunächst mit der Verarbeitung von Knochen und Koprolithen begann und dann auf die Darstellung von Superphosphat aus Mineralphosphaten ausdehnte. Daran schlossen sich andere ausgedehnte Fabrikationen, namentlich von Schwefelsäure, Baryt- und Strontianpräparaten, Blanc fix, Kupfervitriol und Sublimat zur Schwellenimprägnierung usw. Mitte der 60er Jahre setzte sich der vielseitig tätige und erfolgreiche Dr. Clemm-Lennig in Heidelberg zur Ruhe und seine Fabrik ging in die Hände seines Neffen Georg Carl Zimmer, eines Sohnes des Chininfabrikanten Dr. Conrad Zimmer in Frankfurt a. M., unter dessen Namensfirma über.

Auch Christian Boehringer und Dr. Gustav Clemm schieden frühzeitig aus der Leitung des Vereins chemischer Fabriken aus. Letzterer folgte 1855 einem Ruf in die Direktion der Aktiengesellschaft für chemische und metallurgische Produktion in Aussig. An seine Stelle trat 1856 Dr. Carl Gundelach, ein Schüler Liebigs.

Dr. Gundelach hatte seine technische Schule in der Kestnerschen Fabrik zu Thann durchgemacht. Unter seiner äußerst energischen und umsichtigen Leitung erreichte der Verein chemischer Fabriken bald seine höchste Blüte. Die Dividende, welche auf ein Aktienkapital von rund 1 800 000 Mark 1856 und 1857 bereits 10% betragen hatte, stieg schon 1859/60 auf 15%, dann auf 20%, erreichte 1862/63 die außerordentliche Höhe von 35% und erhielt sich auf 30% während der darauffolgenden Geschäftsjahre 1864 bis 1867. Dann trat ein auf bemerkenswerte Urſachen zurückführbarer, mehrjähriger Rückgang der Geſchäftserträgniſſe ein: die chemiſche Induſtrie war inzwiſchen in eine neue Phaſe ihrer Entwicklung eingetreten. In England und Frankreich war mit dem Schluß der 50er Jahre die Teerfarbeninduſtrie entſtanden, der Wellenſchlag der neuen Bewegung hatte ſich nach Deutſchland fortgepflanzt und brandete, Einlaß begehrend, an den Toren des Vereins chemiſcher Fabriken. Gehen wir nun auf den Urſprung dieſer alles Frühere umgeſtaltenden Bewegung zurück.

August Wilhelm Hofmann hatte 1843 auf Veranlaſſung von Liebig die Reihe ſeiner grundlegenden Arbeiten über das Anilin und deſſen Derivate mit einer „chemiſchen Unterſuchung der organiſchen Baſen im Steinkohlenteeröl" — wie der Titel ſeiner erſten Veröffentlichung lautete — eröffnet. Neun Jahre vorher hatte Runge in Oranienburg bei Berlin in dem bis dahin von den Chemikern gemiedenen Steinkohlenteer außer der Karbolſäure, dem Pyrrol und der Roſolſäure zwei Baſen entdeckt, unſer heutiges Chinolin und Anilin. Letzteres nannte er „Kyanol" wegen der prächtig blauen Färbung, die es auf Zuſatz von Chlorkalklöſung annahm und die ihm bereits den Gedanken an ſeine techniſche Verwertung nahe legte.

Runges Entdeckungen kamen aber zu früh für die Begründung einer Teerfarbeninduſtrie. Noch fehlte es an der wiſſenſchaftlichen Erkenntnis ihrer erſten Grundlagen, noch fehlte ihr Ausgangsmaterial: das Benzol des Steinkohlenteers. Auf dem ſpärlichen, ſchwer trennbaren Baſengemiſche des Teers hätte die Induſtrie ſich nicht mit Erfolg aufbauen laſſen. Mit noch nicht 2 Kilo eines rohen Baſengemiſches, das er ſelbſt in der Sellſchen Fabrik zu Offenbach — einer der älteſten deutſchen Teerdeſtillations- und Karbolſäurefabriken, der heutigen Anilinfarbenfabrik von Karl Oehler — aus 500—600 Kilo Teerölen extrahiert hatte, beginnt Hofmann ſeine epochemachenden Unterſuchungen. Eines ihrer erſten Ergebniſſe iſt die Feſtſtellung der Identität des Rungeſchen „Kyanols" mit dem ſchon 1826 aus dem Indigo, dem arabiſchen „Anil", und 1840 aus der Anthranilſäure dargeſtellten „Anilin". Zwei Jahre ſpäter weiſt

Hofmann im Steinkohlenteer das Vorkommen des früher nur aus der Benzoesäure erhaltenen Benzols durch dessen Überführung in Nitrobenzol und Anilin nach. Damit sind einer Teerfarbenindustrie ihre ersten Schritte vorgezeichnet. Stein auf Stein trägt jetzt Hofmann durch seine umfassende Erforschung des Anilingebietes zum späteren Aufbau der Industrie herbei. Entdeckung reiht sich an Entdeckung, Materialien und Methoden, die zu Grundpfeilern der Farbstofftechnik geworden sind, gehen in Fülle aus seinen rastlosen Arbeiten hervor.

1845 wurde Hofmann an das neugegründete „Royal College of Chemistry" in London als dessen Leiter berufen. Ein Laboratorium nach dem Vorbilde des Gießener Laboratoriums sollte errichtet, der Liebigsche Geist, die Liebigsche Forschungs- und Unterrichtsmethode nach England verpflanzt werden. Niemand war dazu geeigneter als Hofmann. Mit Feuereifer nahm er sich seiner Aufgabe an. Ein zweites Gießen erstand. Bald wurde Hofmann der geistige Mittelpunkt der englischen chemischen Wissenschaft und Industrie. Dort erfolgte nun im Verein mit begeisterten Schülern der völlige Ausbau des schon in Deutschland von ihm begonnenen Fundamentes für die Teerfarbenindustrie, und diese Industrie ging dort aus wissenschaftlicher Forschung hervor als Hofmanns 17jähriger Assistent, William Henry Perkin, 1856 den ersten Anilinfarbstoff im Verlaufe synthetischer Versuche zur Darstellung des Chinins entdeckte. Aber noch mußte ein weiter Weg vom Laboratorium bis zum Fabrikbetrieb durchmessen werden. Der Technik war noch alles neu und unbekannt: die Gewinnung des Benzols, die Darstellung des Anilins; man mußte neue Apparate, neue Fabrikationsmethoden ersinnen, das Interesse des Färbers und Druckers auf den neuen, die bisherige Färbekunst völlig umgestaltenden Farbstoff lenken. Aber mit dem Mut und der Ausdauer des großen Erfinders bewältigte Perkin alle sich vor ihm auftürmenden Schwierigkeiten. 1858 trat der neue Farbstoff in den Markt. Er war von nie gesehener Schönheit, die sicherte ihm den glänzenden Erfolg. An der Wiege der

Anilinfarbenindustrie hatte eine gütige Fee gestanden: die Huld der farbenfrohen Frauenwelt.

Mit dem ersten Anilinfarbstoff war eine neue Zeit für Wissenschaft und Technik angebrochen, der Forschung und der Tatkraft hatte sich ein unabsehbares Gebiet erschlossen, vergleichbar der Entdeckung eines neuen Erdteils. Zur Ergründung seiner Berge, Seen und Flüsse, zur Hebung seiner Bodenschätze, zu seiner Besitznahme reichte das bisherige Wissen und Können des Einzelnen nicht mehr aus. Vereint gingen der Gelehrte und der Praktiker an das Werk. Einer trug dem anderen die Leuchte, bald griff dieser, bald jener zur Hacke und zum Spaten, gemeinsam bahnten sie Straßen und Wege, stiegen hinab in den dunklen Schacht, erklommen die Bergesgipfel und blickten entzückt weit hinaus auf das vor ihnen liegende, von Justus Liebig einst verheißene gelobte Land. Und ihre Entdeckungen und Funde tauschten sie brüderlich miteinander aus. Die Wissenschaft fand aber hier den Kompaß für die planvolle Weiterforschung: die Kekulésche Benzoltheorie, und zur Technik sprach sie fortan in der gemeinfaßlichen neuen Sprache der Strukturchemie.

Dem Perkinschen Anilinviolett folgte 1859 das in Frankreich entdeckte herrliche Anilinrot, das Fuchsin und bald darauf die glänzende Reihe seiner violetten, blauen und grünen Abkömmlinge. Zur ersten Herstellung des Fuchsins hatte ein altes Agens der Alchimisten gedient, der „Spiritus fumans Libavii". Jetzt hatte es die einst darauf gesetzten Hoffnungen der Goldmacher erfüllt. Gold ging aus seiner Wirkung hervor, Goldströme rauschten in den englischen und französischen Fabriken.

Diese neue, mächtige Bewegung mußte bald auch das Land ihres geistigen Ursprungs, das Land Justus Liebigs, die deutsche Heimat August Wilhelm Hofmanns, erfassen. Nach dem Erscheinen des Fuchsins fand die neue Industrie auch in Deutschland Eingang. Ihr Begründer in Mannheim-Ludwigshafen war Friedrich Engelhorn.

Glück und Zufall haben über dieser Gründung gewaltet, aber — mit einem Worte des ersten Napoleon[1]) — „der Zufall

---
[1]) Mémoires de Mme. de Rémusat.

bleibt immer ein Geheimnis für mittelmäßige Köpfe und wird eine Wirklichkeit für überlegene Menschen". Engelhorn war ein den meisten seiner Zeitgenossen überlegener Mann. Er wußte das Glück im Zufall wahrzunehmen — und festzuhalten. Verweilen wir ein wenig bei dem so vielen hier unvergeßlich gebliebenen Bilde eines der hervorragendsten Industriellen unserer Zeit, eines „self-made man", eines Mannes von dem Schlage und der äußeren Erscheinung eines alten Nürnberger Patriziers.

Friedrich Engelhorn[1]) war 1821 zu Mannheim geboren. Vierzehn Jahre alt trat er bei dem hiesigen Juwelier Goehring in die Lehre, ging dann, nach bestandener dreijähriger Lehrzeit, auf die Wanderschaft nach Mainz, Frankfurt, München, Wien, Genf, Lyon und Paris und ließ sich Mitte der vierziger Jahre in Mannheim als Juwelier nieder. Hier wurde er 1847 zufällig durch einen in seinem Hause wohnenden Engländer Smyers-Williquet auf den Gedanken gebracht, gemeinsam mit der bereits in Mannheim bestehenden „Privilegierten Gas-Apparat-Gesellschaft C. L. Köster & C. Smyers-Williquet" eine Kommandit-Aktiengesellschaft zur Herstellung von portativem Gas zu gründen. Der erfolgreiche Betrieb dieser unter der Firma „Engelhorn & Comp." am 1. Oktober 1848 hier auf dem Jungbusch begonnenen Gasfabrikation führt Engelhorn vollends in das Gasfach über. Inzwischen hat die Stadtgemeinde Mannheim ihr bis zur Vollendung der pfälzischen Ludwigseisenbahn im Hinblick auf die dann zu erwartende Zufuhr billiger Steinkohle seit 1840 zurückgestelltes Projekt einer eigenen städtischen Gasbeleuchtung wieder aufgenommen, überträgt 1851 an Friedrich Engelhorn in Gemeinschaft mit den Gasunternehmern Spreng und Friedrich Sonntag von Karlsruhe unter der Firma: „Badische Gesellschaft für Gasbeleuchtung" die Errichtung eines

---
[1]) Nach Mitteilungen von Dr. Fr. Engelhorn. Eine treffliche Lebensskizze des am 11. März 1902 dahingeschiedenen Kommerzienrats Friedr. Engelhorn findet sich, nebst Angabe seiner zahlreichen industriellen und kommerziellen Gründungen, in der „Chronik der Hauptstadt Mannheim 1902 von Dr. Fr. Walter".

Gaswerkes aus ſtädtiſchen Anleihemitteln und verpachtet an
das Konſortium den Betrieb auf 30 Jahre. Engelhorn wird
der techniſche und geſchäftliche Leiter der Fabrik[1]). Von dem
Gasteer bis zu den Teerfarben war aber für den von weitflie-
genden Ideen und kühnem Unternehmungsgeiſte beſeelten Mann
nur ein kleiner Schritt. Als die Kunde von den märchenhaften
Erfolgen der neuen Anilinfarben nach Deutſchland drang, war
es daher natürlich, daß auch Engelhorn an ihnen teilnehmen
wollte. Und zur rechten Stunde führt ihm auch hier Glück und
Zufall in Dr. Carl Clemm[2]) aus Gießen, einem Neffen von

---

[1]) Vgl. den Bericht der Gemeindekommiſſion vom 31. Dezember
1850 und die Bau-, Pacht- und Lieferungsverträge in dem Abdruck:
„Die Gasbeleuchtung der Stadt Mannheim". (Buchdruckerei
von H. Hogrefe, 1851). Der ſtädtiſche Bauſchilling ſollte inkl. des
Erwerbs der Engelhornſchen Gasfabrik 200 000 fl., die jährliche
Pachtſumme 8000 fl. im erſten Jahr und dann, um jährlich 500 fl.
ſteigend, bis zu 22 000 fl. betragen. Die Pächter waren u. a. verpflichtet,
die öffentliche Gasbeleuchtung mit 631 Lampen und 1400 Brenn-
ſtunden für 6100 fl. jährlich und die Privatbeleuchtung für den Höchſt-
preis von 6 fl. pro Kubikfuß zu liefern; bei einem jährlichen Reingewinn
über 6000 fl., Inſtallation von über 2000 Privatlichtern, fallenden
Kohlenpreiſen uſw. ſollten Preisermäßigungen eintreten; jährliche Über-
ſchüſſe über 12 000 fl. Reingewinn ſollten zur Hälfte der Stadtgemeinde zufallen. Gegen Ende der ſechziger Jahre hatte der Pacht-
vertrag wegen der hohen Gaspreiſe für Privatbeleuchtung vielfache
Mißſtimmung in der Bürgerſchaft erregt. Mitte Juli 1873 übernahm
die Stadt Mannheim das Gaswerk in eigene Verwaltung.
[2]) Kommerzienrat Dr. Carl Clemm wurde am 16. Auguſt
1836 zu Gießen als Sohn des dortigen Kanzleirats Clemm, eines Bruders der vorerwähnten Dr. Carl Clemm-Lennig und Dr. Guſtav
Clemm, geboren und ſchied aus ſeinem taten- und erfolgreichen Leben
am 20. Februar 1899. Nach Beendigung ſeiner Studien in Karlsruhe
und Gießen und zweijähriger Lehrzeit in der Mannheimer Fabrik
ſeines Onkels Clemm-Lennig kehrte Dr. Carl Clemm nach Gießen zurück,
um ſich im dortigen Univerſitätslaboratorium mit den neu entdeckten
Anilinfarbſtoffen zu beſchäftigen. Dies führte 1860 zu ſeiner Verbindung
mit Engelhorn. Der von ihm mitgegründeten Badiſchen Anilin- und
Sodafabrik gehörte er bis Anfang 1884 als Direktionsmitglied und Leiter
der anorganiſchen Betriebe an. Nach ſeinem Austritt gründete er gemeinſchaftlich mit Kommerzienrat Carl Haas von Mannheim 1885
die Zellſtoffabrik Waldhof und widmete neben der Leitung dieſes ſchnell
emporblühenden Werkes ſeine unermüdliche Arbeitskraft zahlreichen anderen induſtriellen und kommerziellen Unternehmungen ſowie ſeiner
Tätigkeit im Reichstage. Dr. Carl Clemm war eine ſympathiſche Per-
ſönlichkeit, warmherzig, arbeitsfreudig, hilfsbereit. In einem Nach-

Dr. Clemm-Lennig und früherem Betriebschemiker in deſſen Fabrik, einen jungen, arbeitsfreudigen und tatkräftigen Mitarbeiter zu.

Im Verein mit dem bereits genannten Gasunternehmer Friedrich Sonntag und dem Kaufmann Otto Dyckerhoff aus Mannheim gründen Engelhorn und Dr. Carl Clemm am 8. Juni 1861 eine offene Handelsgeſellſchaft zur Herſtellung von Anilin- und Teerfarben unter der Firma „Chemiſche Fabrik Dyckerhoff, Clemm & Co. in Mannheim". Nach dem Ausſcheiden von Dyckerhoff und dem Eintritt von Dr. Auguſt Clemm, einem jüngeren Bruder von Carl Clemm, als weiterem Geſchäftsteilhaber, wird die Firma im März 1863 in „Sonntag, Engelhorn & Clemm" umgeändert. Eine ſeltene Vereinigung von vorſichtigem Wägen und entſchloſſenem Wagen, von chemiſchem Wiſſen und geſchäftlicher Erfahrung hatte ſich hier in Engelhorn und den Brüdern Clemm zuſammengefunden. Dazu trat der weite Blick, das Organiſationstalent und die frühzeitig ſchon in kritiſchen Momenten[1]) bewährte Energie von Engelhorn.

Die Geburtsſtätte der jungen Induſtrie war die ehemalige „Zinkhütte" auf dem Jungbuſch in Mannheim. Dieſe Stätte beſitzt ein hiſtoriſches Intereſſe für die Entwicklung der hieſigen chemiſchen Induſtrie. 1853 errichteten dort die Mannheimer Kaufleute Gebrüder Anton und Philipp Reinhardt eine ausgedehnte Anlage zur Verhüttung der in ihrem Wieslocher Bergbau[2]) geförderten Zinkerze. Auf dem Nachbarter-

---

rufe heißt es, „daß ſeine große Herzensgüte ſprichwörtlich geworden war". (Mannh. Generalanzeiger vom 21. Febr. 1899.) Vgl. auch: Berl. Berichte 1899, 429 (C. Liebermann) und Chem. Induſtr. 1899, 89.

[1]) Über den denkwürdigen Anteil des Bürgerwehroberſten Fr. Engelhorn an der Durchführung der Kontrerevolution in Mannheim am 22. Juni 1849 vgl. v. Feder, Geſchichte der Stadt Mannheim, II, Seite 356.

[2]) Der noch heute von der „Vieille Montagne" in geringem Umfang betriebene Zinkbergbau zu Wiesloch (bei Heidelberg) reicht bis in das 8. Jahrhundert, mutmaßlich ſogar bis in die Römerzeit zurück und diente vom 8.—11. Jahrhundert der Gewinnung von ſilberhaltigem Bleiglanz. Im 15.—18. Jahrhundert wurde der früher mißachtete Galmei zur Meſſing- und Bronzeerzeugung gefördert. Die Gewinnung

rain erbaute 1860 Carl Dietſch die Mannheimer Portland-Zement-Fabrik[1]). In den Werkſtätten der inzwiſchen eingegangenen Zinkhütte wurde 1861 die Fabrikation von

---

von Galmei und Blende zur Darſtellung von Zinkmetall datiert erſt aus dem 19. Jahrhundert. 1845 entdeckte man zufällig beim Kalkſteinbrechen eine drei Fuß mächtige Galmeiablagerung und das veranlaßte den Kaufmann Reinach aus Frankfurt und die Gebrüder Reinhardt aus Mannheim zur Wiederaufnahme der ſeit langen Jahren unterbrochenen Schürfungen. Am 22. Febr. 1851 fand durch die Gebr. Reinhardt die Entdeckung der älteſten Strecken und Gänge ſtatt, die durch eine mächtige Galmeiablagerung hindurch getrieben waren und in welchen ſogar ein großer Vorrat ſchon gewonnenen Galmeis als Verſatz angehäuft war. Dieſer Fund gab dem Wieslocher Bergbau einen plötzlichen Aufſchwung. Auch Reinach fand angrenzende reiche Lagerſtätten und verkaufte 1852 ſeinen Beſitz an die „Vieille Montagne", während die Gebrüder Reinhardt eine glänzende Kaufofferte ablehnten und alle Mittel an die eigene Ausbeutung ihrer Erzfunde ſetzten. Sie erbauten mit großem Aufwande die „Zinkhütte" auf dem Jungbuſch in Mannheim, in welcher vom März 1853 bis Juni 1855 bereits über eine Million Kilo Galmei und Zinkblüte zur Verhüttung kam. Im Dezember 1855 gründeten ſie mit einer Gruppe von Großkapitaliſten eine Aktiengeſellſchaft unter der Firma „Badiſche Zinkgeſellſchaft", die den Bergbau während 1856—1859 bis zu einer Jahresförderung von nahe 9 Millionen Kilo Galmei ſteigerte, den Betrieb der nicht rentierenden Mannheimer Zinkhütte dagegen einſtellte und die verluſtbringende Hüttenanlage 1857 veräußerte. Da aber die reiche Lagerſtätte ſich erſchöpfte und 1860—1863 bei dem Mangel neuer Erzaufſchlüſſe die Förderung ſtetig zurückging, verpachtete die „Badiſche Zinkgeſellſchaft" ihre Gruben 1864 an die „Eſchweiler Geſellſchaft in Stolberg" (ſpätere „Rheiniſch-Naſſauiſche Bergwerks- und Hütten-A.-G. in Stolberg"), ließ dieſelben dann 1877 verſteigern und löſte ſich auf. (Vgl.: Die Zinkerz-Lagerſtätten von Wiesloch (Baden) von Dr. Adolf Schmidt. Verhdlg. d. Naturhiſt.-mediz. Vereins zu Heidelberg. Neue Folge. II. Bd. 1880.)

[1]) Die jetzt auf Abbruch verkaufte Mannheimer Fabrik war die drittälteſte deutſche Portland-Zement-Fabrik. 1863 ging ſie in den Beſitz von Jul. Eſpenſchied aus Mannheim über, wurde 1876 in eine Aktiengeſellſchaft verwandelt und vereinigte ſeit 1901 ihren Betrieb mit dem 1878 gegründeten „Portland-Cementwerk Heidelberg, vormals Schifferdecker & Söhne", das nach ſeiner gänzlichen Zerſtörung durch Brand am 4. Febr. 1895, dem Verlangen der Stadtbehörde und Regierung nachgebend, ſeinen die landſchaftlichen Reize von Heidelberg beeinträchtigenden Betrieb nach Leimen (bei Wiesloch) verlegt hatte. Zu der unter der gegenwärtigen Firma „Portland-Cement-Werk Heidelberg und Mannheim, A.-G." gebildeten Vereinigung gehören auch die Fabriken von Weiſenau bei Mainz (ſeit 1887) ſowie von Nürtingen, Diedesheim-Neckarelz und

Anilin und Fuchſin begonnen und 1869 ſtand dort die Wiege der deutſchen Alizarininduſtrie[1]). In der gegenüberliegenden ſtädtiſchen Gasfabrik wurde ein in der Anilinfabrik 1869 aufgefundenes Verfahren zur Gewinnung von Benzol aus dem Steinkohlengas durch Auswaſchen mit Schwerbenzol zuerſt in größerem Maßſtabe erprobt. Daraus ging die heutige Gewinnung des Benzols aus den Koksofengaſen hervor[2]). Nach der völligen Überſiedlung ihrer Mannheimer Betriebe nach Ludwigshafen verkaufte die Anilinfabrik ihr Fabrikterrain 1870 an Chriſtoph Boehringer, der ſeine in Stuttgart 1859 gegründete Chininfabrik wegen dortiger Schwierigkeiten in der Waſſerbeſchaffung und wegen ungünſtiger Transportverhältniſſe nach Mannheim verlegen wollte. Die Chininfabrik nahm hier den erwarteten Aufſchwung, begegnete aber neuen Schwierigkeiten in der Beſeitigung der extrahierten Chinarinden, die ſich vom Neckar nicht unbeanſtandet fortſchwemmen ließen, und ſiedelte 1882 an den Altrhein nach dem Waldhof über. Nach mannigfachen weiteren Schickſalen der „Zinkhütte" fabriziert dort ſeit 1898 die heutige Firma „H. Schlinck & Co." das unter dem Namen „Palmin" bekannte Speiſefett der Kokosnuß.

Die Ausſaat des Engelhornſchen Unternehmungsgeiſtes hatte in der Teerfarbeninduſtrie den geeigneten Boden für ihre Entwicklung gefunden. Die junge Anilinfabrik wuchs und gedieh. Aber in einer harten Schule der Arbeit und Sorge wuchs ſie auf wie alle unſere erſten deutſchen Anilinfabriken. Es war eine freud- und gewinnloſe Nachahmungsinduſtrie, die der erſten Jahre, lähmend den Flug des allein ſegenbringenden eigenen Entdeckens und Erfindens. Noch gab es kein deutſches

---

Budenheim mit einer Geſamtproduktionsfähigkeit von jährlich über 2 Millionen Faß (à 180 kg). Das neue Werk in Leimen iſt jetzt das größte auf dem Kontinent. (Nach Mitteilung von Dir. Dr. Schott.)

[1]) In einer dortigen Verſuchsfabrik wurden 1869/70 die erſten größeren Darſtellungen von künſtl. Alizarin aus Anthrachinon unter Anwendung von gußeiſernen Sulfonierungskeſſeln und Druckſchmelze ausgeführt.

[2]) Vgl. H. Caro, „Entwicklung der Teerfarbeninduſtrie", Berl. Berichte 25, c, 972, Anm. 3.

Patent, noch keinen Weltmarkt für den deutschen Gewerbfleiß. Ungehindert ahmte man die wertvollsten in englischen und französischen Patentschriften beschriebenen Erfindungen nach und konkurrierte hart miteinander auf dem beschränkten deutschen Absatzgebiet. Dadurch lernte man aber mit bescheidenen Gewinnen sich begnügen, rationell und nach kaufmännischen Grundsätzen die Fabrikations- und Verkaufsbetriebe leiten, rastlos verbessern, sparen und zusammenhalten und legte das Fundament für einen gesicherten Aufbau der Industrie, während die durch weittragende Monopole geschützten Erfindungen den ausländischen Konkurrenten sorglos und achtlos machten. Und die Stunde kam, in der die Schranken der ausländischen Monopolherrschaft fielen, wo zunächst der weite englische Markt dem deutschen Absatz erschlossen wurde, und dann nahte die Zeit, wo unter dem Schutz und dem Antrieb des deutschen chemischen Verfahrenspatentes der deutsche Erfindungsgeist seinen mächtigen Aufschwung nehmen und den Weltmarkt sich erobern sollte.

1864, nach kaum dreijährigem Betriebe der Anilinfabrik, war diese glückliche Zeit noch nicht gekommen. Noch durfte man nur an die Verringerung der Herstellungskosten von Anilin und Fuchsin denken, um konkurrenzfähig zu bleiben. Das erschwerten der jungen Fabrik aber die exorbitant hohen Preise, die der Verein chemischer Fabriken in Mannheim, ihr Hauptlieferant, für die von ihr in großen, steigenden Mengen benötigten Hilfsprodukte, namentlich für Schwefelsäure, Salpetersäure und Arseniksäure, damals forderte. Das war nun die Zeit, zu der — wie früher erwähnt — die neuerstandene Teerfarbenindustrie dringend Einlaß an den Toren des Vereins chemischer Fabriken begehrte.

Engelhorns weiter Blick erkannte damals die Notwendigkeit einer Vereinigung der Teerfarbenindustrie mit der chemischen Großindustrie. Die von ihm sofort eingeleiteten und schon bis zum Abschluß gediehenen Fusionsverhandlungen scheiterten aber noch in letzter Stunde an dem stolzen Selbstbewußtsein des Vereins, und auf der Stelle erfaßt er den Gedanken, selbst eine große Anilin- und Sodafabrik vor den ihm verschlossenen Toren des Vereins chemischer Fabriken zu errichten. Sein stets hilfsbereiter Ratgeber und Freund, der Mannheimer Bankier Seligmann Ladenburg, der Chef des Bankhauses W. H. Ladenburg & Söhne, bietet seine Hand zur Gründung einer neuen Aktiengesellschaft und bewirbt sich für dieselbe bei den städtischen Behörden um den Ankauf von 40 Morgen städtischen Geländes auf den „großen Neuwiesen" nahe am linken Neckarufer. Der Gemeinderat akzeptiert sein Gebot von 900 Gulden pro Morgen und beantragt am 12. April 1865 beim großen Bürgerausschuß die Genehmigung des freihändigen Verkaufs. Aber Gegen- und Unterströmungen haben sich eingestellt und nach langer, erregter Debatte wird der gemeinderätliche Antrag in namentlicher Abstimmung mit 68 gegen 42 Stimmen abgelehnt. Noch an demselben Tage findet Engelhorn auf dem Hemshof bei Ludwigshafen ein vortrefflich geeignetes Terrain für die neue Fabrikanlage, am 24. April ist bereits der gesamte Grundstückserwerb vollendet, am 10. Mai trifft schon die Konzession der pfälzischen Regierung für die nunmehr konstituierte „Badische Anilin- & Sodafabrik" ein und unmittelbar darauf geschieht der erste Spatenstich[1]).

Diese unerwartete Schicksalswendung der in Mannheim entstandenen und emporgewachsenen Teerfarbenindustrie gereichte ihr und ihrer neuen Heimat Ludwigshafen zu reichem Segen. Auf dem projektierten Mannheimer Terrain, in unmittelbarer Nähe der aufstrebenden Handelsmetropole und ihrer später nach Osten zu drängenden baulichen Erweiterung, fern von dem Rhein, hätte sie nicht die Grundbedingungen für ihre unge-

---

[1]) Vgl. „Mannheimer Journal" 1865, Nr. 83, 88, 93, 97, 99, 111. Der folgenreiche Ausfall der Abstimmung vom 12. 4. 1865 ist hauptsächlich auf ein erst in der Sitzung eingelaufenes schriftliches Höhergebot des Vereins chemischer Fabriken zurückzuführen. Dadurch erschien vielen der Weg einer öffentlichen Versteigerung der Grundstücke im städtischen Interesse für vorteilhafter als der Weg des freihändigen Verkaufs. In der vom Gemeinderat auf den 26. 4. anberaumten öffentlichen Versteigerung erschienen aber keine Kaufliebhaber. Von der Tagespresse wurde diese Wendung der Dinge lebhaft beklagt.

hinderte, gedeihliche Entwicklung finden können. Man bedenke, daß der gegenwärtige Grundbesitz der Fabrik[1]) ein Terrain von 220 ha umfaßt — über das Fünfzehnfache der ihr einst in Mannheim versagten 40 Morgen —, daß davon $^1/_6$ mit 450 Fabrikgebäuden, 656 Arbeiter- und 108 Beamtenwohnungen überbaut ist, daß ihr Wasserwerk aus dem Rheine jährlich über 41 Mill. cbm Wasser fördert und daß die entsprechend großen Abwassermengen von dem mächtigen Strome schnell dahingetragen werden, während ihr seine Wasserstraße einen großen Teil ihrer Rohmaterialien, namentlich die Ruhrkohlen und die spanischen Pyrite zuführt, wobei allein ihr jährlicher Kohlenkonsum über 355 000 t und ihr anderweitiger Rohmaterialbedarf gegen 174 000 t beträgt! Sechs große Dampfkrane laden und entladen die Schiffe, über 500 Eisenbahnwagen vermitteln auf einem 52 km langen normalspurigen Schienennetz — eine Strecke von hier über Heidelberg nach Bruchsal — den inneren Transportverkehr. Und diese Fabrik — die größte aller chemischen Fabriken —, in der jetzt 7531 Arbeiter, Aufseher und Handwerker mit einem Stabe von 195 Chemikern, 101 Ingenieuren und Technikern und 587 kaufmännischen Beamten tätig sind, in der 355 Dampfmaschinen mit zusammen 21 620 PH und 12 Dampfdynamomaschinen mit zusammen 9015 PH die erforderliche mechanische und chemische Energie für die Betriebe, für elektrische Beleuchtung und Elektrolyse und für die jährliche Erzeugung von 18 Mill. kg Eis, im Verein mit 140 Dampfkesseln von 23 000 qm Heizfläche und über 25 Mill. cbm von selbsterzeugtem Leucht- und Heizgas liefern, diese Fabrik, deren heutiger Liegenschaften-, Gebäude- und Apparatewert 80 Mill. Mark übersteigt, hat 1865 ihren Betrieb in Ludwigshafen mit nur 30 Arbeitern aufgenommen. Diese glänzende industrielle Entwicklung prägt sich naturgemäß auch in dem außerordentlich schnellen und großen Aufschwung von Ludwigshafen aus — der

---

[1]) Die nachstehenden Angaben über die Badische Anilin- und Sodafabrik sind hauptsächlich einer von der Direktion den Festteilnehmern „Zur Erinnerung an den Besuch des Vereins deutscher Chemiker am 27. Mai 1904" freundlichst gewidmeten, reichhaltigen Festschrift entnommen.

erſt vor 50 Jahren entſtandenen „jüngſten Stadt am Rheine"[1] —, deren anfängliche Zahl von etwa 1500 Einwohnern jetzt die Ziffer 71 000 überſchritten hat. Kamen doch von der erſten Stunde an die Arbeitslöhne und die bei dem Aufbau der Fabrik den dortigen Handwerkern und Lieferanten gezahlten Summen der aus drohendem Verfall ſich aufraffenden Stadt zugute. Im Jahre 1903 zahlte die Fabrik an ihre Arbeiter und Aufſeher die Lohnſumme von nahezu 9 Mill. Mark und gegen $4^1/_3$ Mill. Mark an Ludwigshafener Handwerker und Lieferanten.

Aber auch die Entwicklung der Ludwigshafener Chemiſchen Induſtrie iſt, mittelbar oder unmittelbar, durch die dortige Anſiedlung der Badiſchen Anilin- und Sodafabrik bedingt und gefördert worden.

1865 waren nur drei chemiſche Fabriken in Ludwigshafen vorhanden. Die älteſte, noch in die Vorzeit der Stadt zurückreichende Gründung war die Firma „Gebrüder Giulini".

Wir erinnern uns, daß Paolo Giulini 1851 ſeine Mannheimer Fabrik an Dr. Carl Clemm-Lennig verkauft hatte. Vertraglich an einer Aufnahme der Sodafabrikation verhindert, gründete er noch in demſelben Jahre mit ſeinem Bruder Baptiſta in Ludwigshafen eine Alaunfabrik und Schwefelraffinerie, der 1852 ſein Sohn Lorenz hinzutrat. 1866 nahm die Firma die Darſtellung von Tonerdehydrat aus Kryolith und ſpäter aus Bauxit auf. Daran reihte ſich die Fabrikation von Tonerdenatron, Schwefelſaurer Tonerde, Mineralſäuren und künſtlichen Düngern. 1893 wurde eine zweite Fabrik, das „Giuliniwerk" in Mundenheim bei Ludwigshafen errichtet. Dieſe in ihrer Art zu den bedeutendſten deutſchen chemiſchen Fabriken zählenden Werke beſchäftigen jetzt gegen 560 Arbeiter.

Die zweitälteſte, im Jahre 1858 von Dr. Louis Reimann gegründete Ludwigshafener Fabrik war die Weinſteinſäurefabrik der Firma Joh. Adam Benkiſer, eine Zweignieder-

---

[1] Vgl. über dieſe und einige der folgenden Angaben: Geſchichte der Stadt Ludwigshafen a. Rh., Entſtehung und Entwicklung einer Induſtrie- und Handelsſtadt in 50 Jahren, 1853—1903, Jubiläumsſchrift des Bürgermeiſteramts.

laſſung der ſeit den 20er Jahren in Pforzheim beſtehenden gleichnamigen Firma. Infolge der günſtigeren Lage an den Hauptverkehrswegen wurde die Ludwigshafener Filiale bald zum Hauptgeſchäft. Eine zweite Fabrik wurde 1882/1883 für die Darſtellung von Mineralſäuren und Kaliſalzen errichtet.

Einen Grenznachbar fand die Badiſche Anilin- und Sodafabrik bereits in der 1862 auf dem „Hemshof" errichteten Düngerfabrik von Michel & Co. vor. Die Abfallſchwefelſäure der Anilinfabrikation fand dort ſofort eine willkommene und lohnende Verwendung zur Darſtellung von Superphosphat. Auf die gleiche Verwendung ihrer Abfallſchwefelſäure gründete 1890 ein ſpäterer Nachbar der Anilinfabrik, die chemiſche Fabrik F. B. Silbermann, eine Superphosphatfabrikation.

Auch die Salzſäure ihres Leblanc-Sodabetriebs veranlaßte das Entſtehen neuer Fabriken.

Dr Emil Saame von Göttingen errichtete 1871 unter der Firma „Saame & Co." in unmittelbarer Nachbarſchaft der Badiſchen Anilin- und Sodafabrik eine Anlage zur Darſtellung des damals noch neuen und vielbegehrten Chloralhydrats. Nach ſeinem Tode übernahmen 1873 Dr. P. W. Hofmann, ein Neffe und Schüler von Auguſt Wilhelm von Hofmann, und Saames früherer Aſſocie Otto Schoetenſack gemeinſchaftlich die Fabrik und dehnten unter der Firma „Hofmann & Schoetenſack" ihren anſehnlichen Betrieb auf die Darſtellung anderer Chlorpräparate, insbeſondere des Chloroform, des Phosgen, der Benzylchloride uſw. aus. Dazu traten anderweitige pharmazeutiſche Produkte und Hilfsprodukte für die Teerfarbeninduſtrie, Mineralſäuren, Eſſigſäure aus der Holzdeſtillation von Hochſpeyer und, gemeinſchaftlich mit dem früher genannten Chriſtoph Boehringer, die Fabrikation von Äther für deſſen Chininextraktion. 1882 wurde die Fabrik in eine Aktiengeſellſchaft unter der Firma „Chemiſche Fabrik vormals Hofmann & Schoetenſack" umgewandelt. 1893 war der Erwerb ihres Terrains für die ſich immer weiter ausdehnende Badiſche Anilin- und Sodafabrik erforderlich geworden, der Ankauf erfolgte, der Fabrikbetrieb wurde 1894 nach Gernsheim a. Rhein verlegt und 1898 die Firma in „Chemische Fabrik Gernsheim" umgeändert.

Einen weiteren großen Konsumenten ihrer Salzsäure zum Zweck der Gewinnung von Leim, Knochenfett und Kalziumphosphat aus Knochen und Hautabfällen zog die „Anilinfabrik" — wie sie hier allgemein nur genannt wird — in der 1871 auf dem „Hemshof" als Filiale einer Hamburger Fabrik gegründeten chemischen Fabrik für Leim und Dünger „Zimmermann" herbei.

Auch in der Gründung der 1886 durch den früheren kaufmännischen Direktor von Hofmann & Schoetensack, Max Daege, im Verein mit Hans Knoll und Dr. Albert Knoll errichteten „Chemischen Fabrik Knoll & Co.", welche die Darstellung chemisch-pharmazeutischer Präparate meist eigener Erfindung in schwungvollem Maße betreibt[1]), äußert sich noch die Nachwirkung des durch die Verpflanzung der Anilinfabrik nach Ludwigshafen der dortigen Industrieentwicklung gegebenen Impulses. Bei dieser Gründung haben nicht nur persönliche Momente gewaltet, auch nicht nur die Anziehungskraft eines bereits vorhandenen industriellen Kristallisationspunktes oder der Hinblick auf die geschäftlichen Vorteile der Ansiedlung in einem großen Industriezentrum mit den dadurch geschaffenen, jedem zugute kommenden günstigen Arbeits- und Verkehrsverhältnissen. In diesem Falle ist in dem Entwicklungsgange der Betriebe von Hofmann & Schoetensack auch eine innere verwandschaftliche Beziehung zu der Teerfarbenindustrie erkennbar. War doch aus ihrem Stamme in den 80er Jahren der Industriezweig der synthetischen Heilmittel hervorgewachsen, und ist doch dieser neue Zuwachs zur pharmazeutisch-chemischen Technik stets in engster Fühlung mit dem Fortschritt in den Materialien und Methoden der Farbstoffsynthese geblieben.

---

[1]) Die Fabrik beschäftigt 10 Chemiker, 1 Ingenieur, 25 kaufmännische Beamte und 90 Arbeiter. Die große Reihe ihrer synthetischen Produkte eröffnete sie 1886 mit dem Codeïn. Die drei Firmeninhaber sind aus der Schule des Drogenhauses Gehe & Co. in Dresden hervorgegangen.

Ähnlich, nur noch direkter, läßt sich der Einfluß der Teerfarbenindustrie auf das Entstehen neuer Werke in der durch einen früheren Betriebsleiter der Anilinfabrik 1891 erfolgten Gründung der Chemischen Fabrik von Dr. Fritz Raschig in Mundenheim[1]) nachweisen. Auch diese größte jetzt bestehende Anlage für die Darstellung von synthetischer und aus roher englischer Karbolsäure erzeugter reiner Karbolsäure und deren Homologen, die mit ihrer täglichen Produktion von ca. 5000 Kilo „Kristallkarbolsäure" einen großen Teil des Weltbedarfs an dem in der Antiseptik, der Sprengstoff-, pharmazeutischen und Farbstofftechnik, insbesondere zur Darstellung von Pikrinsäure- und Salicylsäure, in größtem Maßstabe verwendeten Teerderivate liefert, auch dieses Ludwigshafener Werk ist samt seinen Fabrikationsmethoden aus der Teerfarbenindustrie hervorgegangen und gehört dem allmählich selbständig gewordenen Industriezweig ihrer „Zwischenprodukte" an. Schon in der Vorzeit der Anilinfarben, lange ehe die Karbolsäure berufen ward, Wunden zu heilen, die ihr zerstörender Sprößling, die Pikrinsäure, schlug, hatte sie schon ihre farbstoffbildende Kraft in der aus ihr erzeugten Rosolsäure enthüllt und erst die spätere industrielle Darstellung dieses Farbstoffs führte zu ihrer Reindarstellung und dann erst zur erfolgreichen Verwertung ihrer segensreichen antiseptischen Eigenschaften. Und auch die Farbstoffnatur der Pikrinsäure war früher als ihre Explosionskraft zur praktischen Geltung gelangt, sie war der erste in der Färberei verwendete „künstliche" Farbstoff gewesen.

Aber auch über den Rhein hinüber drang bald der fördernde Einfluß der sich mächtig entwickelnden linksrheinischen Teerfarbenindustrie. Naturgemäß mußten mit dem Emporwachsen des Stammes auch die ihm Nahrung zuführenden Wurzeln immer weiter sich ausbreiten und erstarken. Mit der zunehmenden Entdeckung neuer Farbstoffgebiete hatte die Destillation des Steinkohlenteers und die Gewinnung und Tren-

---

[1]) In der Fabrik sind 4 Chemiker, 1 Ingenieur, 8 Kaufleute und 100 Arbeiter tätig.

nung der farbstoffliefernden Teerdestillate technisch und wissenschaftlich weiter fortschreiten müssen, dem ursprünglichen Bedarf an Benzol und Karbolsäure war der an Naphthalin und Anthracen gefolgt und statt der früher verwendeten, in ihrem Gehalte an wirksamen Stoffen schwankenden Gemische verlangte man die reinen Produkte, ihre Isomeren und Homologen.

In Mannheim, auf dem „Lindenhofe", war bereits 1872 eine Teerdestillationsanlage von Dr. Heinrich Propfe errichtet worden. Nach der totalen Zerstörung der Fabrik durch Brand im Mai 1876 wurde sie im folgenden Jahre durch die von Dr. Carl Weyl, einem früheren Leiter in der Alizarinfarbenindustrie, gegründete Firma „C. Weyl, Commandit-Gesellschaft" wieder neu aufgebaut und in Betrieb gesetzt. 1902 wurde sie in eine Aktiengesellschaft unter ihrer gegenwärtigen Firma „Chemische Fabrik Lindenhof, C. Weyl & Co., Aktiengesellschaft" umgewandelt. In den jetzigen Leitern der Fabrik, Dr. Karl Dyckerhoff und Dr. August Clemm, einem Sohne des gleichnamigen, früher genannten Mitbegründers unserer Teerfarbenindustrie, begegnen wir wiederum den vereinigten Namen ihrer ersten hiesigen Gründer „Dyckerhoff und Clemm".

1879 wurde eine Fabrikationsfiliale in Hüningen a. Rhein, 1884 eine andere in Duisburg a. Rhein und 1889 eine dritte auf dem „Waldhof" bei Mannheim in Betrieb gesetzt. Die auf dem „Lindenhof", in Hüningen und Duisburg erzeugten Rohprodukte der Teerdestillation werden in Mannheim gemeinsam mit den von in- und ausländischen Teerdestillationen bezogenen Halbprodukten auf die Reinprodukte des Handels weiter verarbeitet, und für die hervorragende Entwicklung des durch die Teerfarbenindustrie in das Leben gerufenen großen Unternehmens spricht, daß 1877 auf dem Mannheimer Werke gegen 2000 t, und 1903 in den drei Teerdestillationen zusammen gegen 66 000 t Steinkohlenteer verarbeitet wurden. Die auf dem „Waldhof" errichtete Anlage dient dagegen nur zur Herstellung von synthetischer Karbolsäure, Pikrinsäure und von „Zwischenprodukten" für die Teerfabrikation. In dieser

Anlage war zuvor die Herstellung von Anilin und Teerfarbstoffen von dem Verein chemischer Fabriken vorübergehend betrieben worden.

Gehen wir jetzt wieder zu der Badischen Anilin- und Sodafabrik zurück.

Kaum in Betrieb gesetzt, nahm sie auf dem Sodamarkte den Konkurrenzkampf mit dem „Verein Chemischer Fabriken" energisch auf und führte ihn in den nächstfolgenden Jahren erfolgreich durch. Das war nun die Zeit, in welcher der früher erwähnte erste Stillstand und vorübergehende Rückschritt in den glänzenden Geschäftsergebnissen des „Vereins" eintrat. Seine Dividenden fielen von 30% in den Jahren 1864—1867 bis auf 20% und darunter in den darauffolgenden 4 Jahren und stiegen dann, trotz eingetretener Erhöhung des Aktienkapitals, von 1871—1872 ab wieder auf die Höhe von 30%, nachdem zwischen den Gegnern Frieden geschlossen und eine Verkaufsvereinigung erzielt worden war.

Aber drohendere Wolken waren inzwischen aufgezogen.

Durch die im Juni 1873 erfolgte starke Herabsetzung des Eingangszolls auf kalzinierte Soda war die deutsche Sodaindustrie in eine ungünstige Periode ihrer Entwicklung eingetreten[1]). Auf Kosten der deutschen Produktion stieg der Import von englischer Soda. Manche Fabrik mußte ihren unrentabel gewordenen Betrieb einstellen.

Es war ferner 1873 eine neue große Konkurrenzfabrik zur Herstellung von Soda, kaustischer Soda, Chlorkalk, Schwefelsäure usw. auf der „Rheinau" bei Mannheim von Rudolph Haas und einem Konsortium Mannheimer Kaufleute unter der Firma „Chemische Fabrik Rheinau" gegründet und unter der energischen technischen Leitung von Dr. Philipp Pauli nach dem Vorbilde neuester englischer Sodafabriken erbaut und in Betrieb gesetzt worden.

---

[1]) Hasenclever, Chem. Indust. 1878, 7. Die deutsche Produktion ging infolge der Reduktion des Eingangszolls von 4 M. auf 1,5 M. per 1000 kg von 58 000 t i. J. 1872 auf 42 500 t i. J. 1877 zurück, während der Import von 14 400 t i. J. 1872 bis auf 32 100 t i. J. 1876 stieg.

In demselben Jahre, 1873, trat auf der Wiener Weltausstellung zum erſten Male die Bedeutung des in der Stille herangewachſenen Ammoniakſodaverfahrens — des „Solvayprozeſſes" — als dereinſt gefährlicher Rivale des „Leblancprozeſſes" in ihre überraſchend glänzende Erſcheinung. Es begannen harte, ſorgenvolle Zeiten. Immermehr wichen die Verkaufspreiſe. Von noch 200 Mark im Jahre 1878 fiel der Preis der Tonne Soda auf 80 Mark im Jahre 1886[1]). Aber am verhängnisvollſten für den Verein chemiſcher Fabriken war ſein Entſchluß, den der Teerfarbeninduſtrie früher verwehrten Einlaß in ſeine Tore ſich jetzt mit eigenen Kräften zu erzwingen. Anfangs der 70er Jahre hatte er die bereits erwähnte Fabrik auf dem „Waldhof" zur Herſtellung von Anilin errichtet, anfangs der 80er Jahre trat daſelbſt die Fabrikation von Teerfarbſtoffen unter der Leitung namhafter Chemiker und Erfinder hinzu. Aber da zeigte es ſich bald, daß man die mit ihren weithin verzweigten Wurzeln und Lebensfaſern im ſorgſam vorbereiteten Boden emporgewachſene Induſtrie nicht mehr in fremde Erde verpflanzen und dort zur Blüte bringen konnte[2]). Dazu trat der durch den Tod der bewährten kaufmänniſchen und techniſchen Direktoren Hanſer und Gundelach 1878 eingetretene Wechſel in der Geſchäftsleitung. Alles wirkte zuſammen zu einem zweiten, viel ernſteren Rückgang der Geſchäftserträgniſſe. 1875 mußte ſchon der Heilbronner Leblancſodabetrieb als unrentabel aufgegeben werden. Sprungweiſe fielen die Dividenden und von 1883—1888 konnte eine Dividende überhaupt nicht mehr verteilt werden. Erſt als unter der trefflichen Leitung des kaufmänniſchen Direktors Chriſtian Clemm[3]), eines Sohnes des früher erwähnten Mitgründers des „Vereins" Dr. Guſtav Clemm, die verluſtbringende Fabrikation von Anilin und

---

[1]) Wichelhaus, „Wirtſchaftliche Bedeutung chemiſcher Arbeit" S. 12.
[2]) Dieſe Erfahrung beſtätigte ſich auch bei den in den 80er Jahren von Julius Elpenſchied in Friedrichsfeld (bei Mannheim) und von Georg Carl Zimmer in Mannheim ohne nachhaltigen Erfolg unternommenen Farbſtoffbetrieben.
[3]) Vgl. den Nachruf an Chriſtian Clemm: Chem. Induſtr. 1892, 307.

Teerfarbſtoffen eingeſtellt und eine finanzielle Reorganiſation des Aktienunternehmens erzielt worden war, trat ein neuer und ſeit 1889 ununterbrochen andauernder, kräftiger Aufſchwung ein[1]). Chemiſche und mechaniſche Verbeſſerungen im Leblancſodabetrieb erhielten ihn in Wohlgelegen und Neuſchloß lebensfähig. Das Ammoniakſodaverfahren wurde in Heilbronn erfolgreich eingeführt. An der neueſten Entwicklung des Schwefelſäurebetriebes nahm der „Verein" hervorragenden Anteil durch ein von Dr. Adolf Clemm[2]), dem jüngſten der drei Brüder: Carl, Auguſt und Adolf Clemm, erfundenes und mit ihm gemeinſam ausgeſtaltetes Verfahren zur Darſtellung von Schwefelſäureanhydrid aus den Röſtgaſen der Pyrite. So zeigte es ſich ſchließlich auch in dem ſo glänzend begonnenen Leben des Vereines chemiſcher Fabriken, daß bleibender induſtrieller Erfolg ein Kind der Sorge iſt.

Auch der chemiſchen Großinduſtrie der „Rheinau" war gleichzeitig eine ähnliche, aber ungleich härtere Prüfungsperiode beſchieden worden. Auch hier folgte einem anfänglich ſchnellen Aufſchwung ein durch den ſiegreichen Kampf von „Solvay verſus Leblanc" bedingter Niedergang. Als vollends nach dem Übertritt von Dr. Pauli in die Leitung der Höchſter Farbwerke 1882 die Fabrikation pharmazeutiſcher und photographiſcher Präparate von der „Chemiſchen Fabrik Rheinau" aufgenommen wurde, ging es raſcher bergab; 1886 liquidierte die Fabrik, eine neu entſtandene Geſellſchaft, die „Aktien - Ge-

---

[1]) Der „Verein" beſchäftigt jetzt 35 Chemiker und Techniker, 52 kaufmänniſche Beamte und 1400 Arbeiter mit einer jährlichen Gehalts- und Lohnſumme von 1½ Mill. M. Die Produktion des „Vereins" an Soda iſt heute nach den Deutſchen Solvaywerken (Bernburg) die größte in Deutſchland. Bei einem Aktienkapital von 4 Mill. M. ſind die Dividenden ſeit 1894 bis auf 16% wieder geſtiegen.

[2]) Kommerzienrat Dr. Adolf Clemm, Vorſitzender des Aufſichtsrats des Vereins Chemiſcher Fabriken, iſt während langer Jahre der techniſche Leiter der früher erwähnten Fabrik von „Georg Carl Zimmer" in Mannheim geweſen, deren Betrieb ſeit mehreren Jahren eingeſtellt worden iſt.

Die Firma „Georg Carl Zimmer" iſt nur noch für die Miſch- und Lagerungsanſtalt der Firma „Chemiſche Werke N. & E. Albert in Biebrich" im hieſigen Induſtriehafen beibehalten worden.

sellschaft für chemische Industrie", veräußerte 1887 die Soda- und Säureabteilung an Robert Hasenclever[1]) zur Errichtung einer Zweigniederlassung der „Rhenania" in Aachen, während sie selbst die Chemikalienabteilung weiterführte und vergrößerte. Bekannt ist, wie sie 1902 schließlich in Konkurs geriet, und welche traurige Katastrophe damit über die großzügig geplante und zukunftsreiche Entwicklung des Rheinau-Hafengebietes hereinbrach. Aber Hoffnung und Zuversicht sind auch dort wieder eingekehrt, seitdem 1903 die altberühmte Berliner Firma „Kunheim & Co." die fallite Fabrik für eine Zweigniederlassung erwarb. Die Namen besten Klanges „Kunheim" und „Hasenclever" sind Bürgen des ferneren Erfolgs. Und schon steigt eine neue farbenstrahlende Morgenröte am wolkenlos gewordenen Himmel der „Rheinau" empor, kündend das baldige Erscheinen einer dortigen Teerfarbenindustrie, einer Fabrikationsfiliale der großen Berliner Anilinfabrik. So zieht die Weltverkehrsstraße des Rheinstroms immer neue industrielle Anlagen in ihren hiesigen Bereich.

Während der geschilderten Ereignisse in der chemischen Großindustrie Mannheim-Ludwigshafen vollzog sich die unablässig fortschreitende Entwicklung der Badischen Anilin- und Soda-Fabrik. 1873 erhielt sie durch ihre Fusion mit den Stuttgarter Fabriken von Rudolf Knosp und Gustav Siegle eine erweiterte Gestaltung und einen Zuwachs an Kapital, an hervorragender Arbeitskraft und Geschäftserfahrung. Erfolgreich betrat sie das Erfindungsgebiet. Traten auch anfangs der 80er Jahre die ersten Gründer, Engelhorn und die Brüder Clemm, von der geschäftlichen Leitung zurück, so folgte doch ein jüngerer, kräftiger Nachwuchs[2]) den von ihnen

---

[1]) Robert Hasenclever, gest. 23. Juni 1902. Siehe den Nekrolog des um die Deutsche chemische Großindustrie hochverdienten Mannes: Berl. Berichte 1902, IV. 4550 (v. Fr. Quincke).
[2]) 1884 traten Dr. Heinrich Brunck, Dr. Carl Glaser und August Hanser, letzterer als kaufmännischer Leiter, in den Vorstand der Gesellschaft ein. Seiner rastlosen und äußerst erfolgreichen Tätigkeit wurde der mit ungewöhnlicher Arbeitskraft und seltenen Charaktereigenschaften begabte Komm.-Rat August Hanser am 18. 9. 1895

vorgezeichneten Bahnen. Allen Schritten in dem fast 40 jährigen Entwicklungsgange des Ludwigshafener Werkes nachzugehen, würde aber eine hier unlösbare Aufgabe sein. Man müßte die oft gehörte und uns doch stets wie ein Märchen anmutende Geschichte der Teerfarbenindustrie wiedererzählen, denn mit allen ihren wunderbar verschlungenen Wegen ist auch der Werdegang des großen Werkes auf das innigste verknüpft gewesen. Nur einige der bedeutungsvollsten Momente in der Entwicklung der Teerfarbenindustrie sollen hier an uns vorüberziehen, weil sie die wichtigsten Etappen auf der Bahn des Fortschritts unserer deutschen und damit auch unserer hiesigen Teerfarbenindustrie gewesen sind.

Die Entwicklungsgeschichte der Teerfarbenindustrie zeigt uns das fesselnde Schauspiel nationaler Kämpfe um die Führerschaft auf geistigem und wirtschaftlichem Gebiete. Vom deutschen Standpunkt aus können wir darin zwei Hauptperioden erkennen. In der ersten erwerben England und Frankreich, in der zweiten erringt Deutschland die Hegemonie.

Die erste Periode ist die der ältesten Anilinfarben. Man könnte sie auch die „Hofmannsche" nennen. Sie geht — wie früher erwähnt — aus den Forschungen und der Schule Hofmanns hervor, sie trägt den Stempel seines Geistes und ist eine Periode überraschender empirischer Funde, glänzender wissenschaftlicher Entdeckungen und grundlegender industrieller Einzelleistungen — ein Heroenzeitalter. In England und Frankreich, an den Hauptquellen ihres Rohmaterials, des Steinkohlenteers, entstanden, durch geniale, bahnbrechende Entdecker und unter weitreichendem Monopolschutz in das Leben gerufen, begünstigt durch die großen heimischen und überseeischen Absatzgebiete, schnell weltberühmt und kapitalmächtig geworden erwirbt die ausländische Farbstoffindustrie während

---

durch den Tod entrissen. (Vgl. den tief empfundenen Nachruf von Dr. C. Glaser in Chem. Ind. 1895, 397). Auch Geh. Komm.-Rat Rudolf von Knosp, der langjährige Vorsitzende des Aufsichtsrats, einer der ältesten deutschen Anilinfarbenfabrikanten, schied am 26. 3. 1897 aus seinem arbeitsreichen, von großen Erfolgen begleiteten Leben.

des erften Dezenniums ihres Beftehens das geiftige und materielle Übergewicht über die auf einem noch jungen Kulturboden fich entwickelnde und des inneren — feelifchen — Antriebs entbehrende deutfche Nachahmungsinduftrie. Gegen Mitte der fechziger Jahre beginnt die Wage fich zu unfern Gunften zu neigen. Das uns den Hauptmarkt verfchließende englifche Fuchfinmonopol wird 1865 nach jahrelangem Patentftreit vernichtet, das franzöfifche noch viel weiter greifende Monopol „auf den Farbftoff felbft und alle feine Anwendungen" hat bereits den induftriellen Fortfchritt Frankreichs gelähmt und führt zum baldigen Ruin der den Markt beherrfchenden Gefellfchaft „La Fuchfine"; die großen Erfinder treten vom Schauplatz ab oder wandern aus und Hofmann — die Seele der Bewegung — verläßt das ohne ihn jetzt fteuerlos gewordene Schiff. Schwerer neigt fich die Wage auf unfere Seite, als die preußifche Regierung nunmehr den wirtfchaftlichen Wert des von Liebig begründeten chemifchen Experimentalunterrichts erkennt und Hofmann mit der Errichtung der großen Lehrftätten von Berlin und Bonn betraut. 1868 lehren bereits Hofmann in Berlin, Kekulé in Bonn in ihren neuen Laboratoriumspaläften. In demfelben Jahre gründet Hofmann die Deutfche Chemifche Gefellfchaft als Zentralftätte für die Förderung deutfcher chemifcher Wiffenfchaft und Induftrie.

Um diefelbe Zeit find nun die feit 1865 errichteten Werke der Badifchen Anilin- und Soda-Fabrik bereits in fchwungvollen Betrieb getreten. Dr. Auguft Clemm[1]) ift der Leiter der Farbenabteilung. Außer ihm und einem Betriebsführer ift aber darin bis gegen Ende 1868 noch kein weiterer wiffenfchaftlich gebildeter Chemiker und noch kein Forfchungslaboratorium vorhanden.

Die zweite Periode beginnt bereits auf deutfchem Boden und fteht — bis heute noch — unter dem Zeichen der Kekuléfchen Benzoltheorie. In ihr tritt in Deutfchland an die Stelle

---

[1]) Jetzt: Reichsrat Komm.-Rat Dr. A. von Clemm.

der früheren Einzelleistungen das bis zur wissenschaftlichen Massenarbeit sich steigernde planvolle Zusammenwirken vieler Kräfte. „Wissenschaftliche Laboratorien" werden in den Fabriken errichtet, die Aufsicht und die Verbesserung der Betriebe geht in die Hände von akademisch gebildeten Chemikern über, der hemmende Einfluß von ungebildeten Aufsehern und „alten Praktikern" wird völlig beseitigt, während im Auslande die Herrschaft des „contre-maître" und des „foreman" noch weiter floriert. Die deutsche Industrie hat jetzt ihr Ziel erkannt: die völlige Verdrängung der natürlichen Farbstoffe durch gleiche, bessere oder billigere Produkte der synthetischen Chemie und mit vereinten Kräften steuert sie los auf die Gründung einer nationalen Industrie, die unter deutscher Flagge mit deutschen Farbstoffen den Weltmarkt sich erschließt und an die Stelle des früheren, dem Auslande tributpflichtigen Imports von Indigo, Krapp, Cochenille, Farbhölzern und anderen Naturprodukten den lohnenden Export ihrer Kunstprodukte treten läßt.

Diese zweite Periode datiert von 1869, von der Synthese des Alizarins durch Graebe und Liebermann. Sie war die erste Synthese eines natürlichen Farbstoffs und ging aus dem Laboratorium und der Forschungsrichtung von Adolf von Baeyer hervor, dem „ersten" Schüler Kekulés, dem großen Nachfolger von Justus Liebig.

In dieser Periode gelangt der umgestaltende Einfluß der Kekuléschen Benzoltheorie auf chemisches Denken und Schaffen zuerst und mächtiger als anderswo in der deutschen chemischen Wissenschaft und Technik zu sichtbarer Wirkung. Der Ausbau der Theorie ruft deutsche Meister, Gesellen und Lehrlinge herbei, die deutschen Hochschullaboratorien mehren und erweitern sich, der mit ihnen und ihren großen Leitern in lebendig-persönlicher Fühlung stehenden Industrie führen sie neue Gesichtspunkte, neue wissenschaftliche Grundlagen, neue Methoden und Produkte, von ihnen geschulte und ausgewählte hervorragende Mitarbeiter zu. Das industrielle Verfahren zur Herstellung des „künstlichen Alizarins" — das seltsamerweise in der früheren Heimat des durch ihn verdrängten Pfälzer Krappbaues[1]), an welchen noch die Mannheimer „Krappmühlenstraße" in der Schwetzinger Vorstadt erinnert, seinen Ursprung genommen hat — ist selbst nur eine Anwendung der von Kekulé schon 1867 vorgezeichneten Oxydationsmethode mittels der Alkalischmelze von Sulfosäuren. In der Folgezeit führt diese klassische Methode zur Erschließung zahlreicher anderer Farbstoffgebiete, insbesondere der Gebiete der Resorcin- und Naphtholfarbstoffe. Aber auch die Industrie der anorganischen Produkte empfängt von dieser Methode mächtige, lang nachwirkende Impulse. Das bis zur völligen Vernichtung des Krappbaues rasch und unaufhaltsam voranschreitende „künstliche Alizarin" steigert die Produktion von kaustischer Soda und Schwefelsäure und ruft den Bedarf an Schwefelsäureanhydrid hervor. 1875 schenkt Clemens Winkler[2]) der Industrie seine Methode zur synthetischen Erzeugung des Anhydrids. Auf ihr baut die hiesige Teerfarbenindustrie sofort eine Fabrikationsmethode der rauchenden Schwefelsäure auf, die bald die Steinkrüge des „Nordhäuser Vitriols" der alten Alchimisten aus ihrem Alizarinbetrieb verdrängt, dann, fortschreitend an der Hand theoretischer Forschung, zum modernen Kontaktverfahren"[3]) sich entwickelt und seit 1889 in der Stille sogar dem alten Bleikammerbetrieb die ferneren Existenzbedingungen entzieht. Das neue „Kontaktverfahren" wird aber seit 1897 zur Grundlage für die nach 17jähriger rastlos-zielbewußter Arbeit unter der genialen Leitung von Dr. Heinrich Brunck[4]) glücklich erreichte Lösung

---

[1]) 1778 erhielt der Mannheimer Bürger und Handelsmann Michel das Kurpfälzische Privileg für seine Krappfabrik in der Schwetzinger Vorstadt, die bis in die 1850er Jahre bestand und von Michels Sohn auf dessen Schwiegersohn Friedrich Lauer überging (Mitteilg. v. Dr. Friedr. Walter).
[2]) Clemens Winkler, „Entwicklung der Schwefelsäurefabrikation". Festvortrag im Verein Deutscher Chemiker 1900. Zeitschr. f. angew. Chemie 1900, 738.
[3]) R. Knietsch, „Kontaktverfahren". Vortrag im Hofmann-Haus 1901. Berl. Berichte 1901, III, 4069, und Clemens Winkler l. c. S. 739.
[4]) H. Brunck, „Entwicklungsgeschichte der Indigofabrikation". Festvortrag zur Weihe des Hofmann-Hauses 20. 10. 1900. Berl. Berichte 1900, „Sonderheft" S. LXXI.

des größten wirtschaftlichen Problems der Teerfarbenindustrie: der Konkurrenzfähigkeit des aus den wissenschaftlichen Forschungen von Adolf von Baeyer[1]) schon 1880 hervorgegangenen „synthetischen Indigos" mit dem uralten Farbstoff der Indigopflanze. Als weitere Grundlage für den ökonomischen Erfolg der Indigosynthese sind billiges Chlor und Alkali erforderlich. Auch diese Forderungen werden erfüllt durch die zu rechter Stunde in das industrielle Dasein getretene Elektrolyse des Kochsalzes — die letzte Wandlung des Leblancprozesses. Verflüssigtes Chlor stand schon seit 1888 zur Verfügung[2]). Der Anbau von Indigo, welcher 1897 noch einen jährlichen Produktionswert von 60—80 Millionen Mark besaß, ist heute bereits derartig zurückgegangen, daß seine schließliche Vernichtung nicht mehr in Frage stehen kann; er wird das Schicksal der Krappkultur erleiden, deren jährlicher Produktionswert vor dem Erscheinen des künstlichen Alizarins im Markte noch auf 40—50 Millionen Mark sich belief.

Auf diesem Wege vom „künstlichen Alizarin" zum „künstlichen Indigo", mit allen seinen Zwischenetappen der Anilin-, Phenol- und Azofarbstoffe, hat nun die deutsche Teerfarbenindustrie die Bahn ihrer glänzenden Entwicklung durchlaufen, auf der sie stark nach innen und stark nach außen und zu einer Quelle unseres nationalen Wohlstands und Ansehens geworden ist. Zweig auf Zweig ist in dieser Zeit aus dem Stamme der Industrie hervorgewachsen — Farben, Heilmittel, Riechstoffe, Sprengstoffe, Genußmittel, — die Blätter, Blüten und Früchte sind unzählbar. Die deutsche Jahresproduktion beträgt allein an Farbstoffen jetzt über 160 Millionen Mark und der Exportwert etwa $^3/_4$ dieser Zahl. Aber nicht abschätzbar ist der umgestaltende Einfluß der Teerfarbenindustrie auf alle Industriezweige und Gewerbe, denen sie dienstbar oder die ihr dienstbar geworden

---

[1]) A. v. Baeyer, „Zur Geschichte der Indigosynthese". Festvortrag im Hofmann-Haus 20. 10. 1900. Berl. Berichte 1900, „Sonderheft" S. LI.
[2]) R. Knietsch, „Über die Eigenschaften des flüssigen Chlors". Liebigs Ann. 259, 100.

sind, auf die Textil-, Montan- und Maschinenindustrie, und unabmeßbar ist ihre belebende Einwirkung auf Handel und Verkehr.

Und in diesem glänzenden Entwicklungsgange hat unsere hiesige Teerfarbenindustrie den Vortritt sich errungen und gewahrt.

Oft hat man nach den Quellen des deutschen Erfolges geforscht. Viele suchten sie nur in dem deutschen chemischen Unterricht, andere nur in einer durch deutsche Schulbildung und Erziehung entwickelten natürlichen Veranlagung unseres deutschen „Denkervolkes" zur industriellen Lösung chemischer Probleme. Mancher pries nur den deutschen Erfindungsgeist, mancher wollte nur den persönlichen Anteil einzelner großer Erfinder oder die persönliche Leistung einzelner hervorragender Leiter auf chemischem, technischem oder kaufmännischem Gebiete gelten lassen, und schließlich sah mancher in unserem Erfolge nur das Walten von Glück und Zufall oder die naturgemäße Wirkung jener großen Zeit, die uns das auf staatlichem und wirtschaftschaftlichem Gebiete geeinte Deutsche Reich, den allgemeinen Aufschwung von Handel und Industrie und den gesicherten Frieden schuf. Noch viele andere Deutungen haben sich eingestellt. Alle zusammen genommen treffen sie nahezu das Richtige, jedoch keine für sich. Aus allen diesen vereinten Quellen hat die deutsche Teerfarbenindustrie ihre erfolgreiche Entwicklung hergeleitet — aber nicht allein aus ihnen. Zu keiner Zeit, bis in die jüngste Gegenwart, hat es dem ausländischen Wettbewerb an hervorragenden Chemikern und Fabrikanten und an epochemachenden Erfindungen gefehlt. Mächtig nachwirkende industrielle Impulse sind auch noch nach dem Beginn der Alizarinindustrie, noch in der Periode unseres bereits entschiedenen Übergewichts, von Frankreich, England und der Schweiz zu uns gelangt. Erinnern wir nur an die ersten Azofarbstoffsäuren der Naphthole von Roussin und Poirrier, an das Primulin von Green, an die ersten Phosgensynthesen von Alfred Kern und an das Vidalsche Schwarz. Aber erst in den deutschen Fabriken sind alle diese ausländischen Erfindungen zu ihrem vollen wissenschaftlichen und technischen Ausbau, zu ihrer vollen industriellen und kommerziellen Bedeutung gelangt. Ein Vergleich der beiden flüchtig skizzierten Hauptperioden in der Entwicklungsgeschichte der Teerfarbenindustrie läßt uns die Ursache erkennen. Wir sehen, daß der deutsche Fabrikant die Fehler des Auslandes weise vermied und schöpfend aus dem goldenen Schatze der gesammelten Erfahrung sich nicht mit der aus alten Erfolgen und nationaler Charakterveranlagung hervorgewachsenen „self-reliance" des Engländers oder mit der sanguinischen Sorglosigkeit unseres französischen Nachbars allzusehr auf die eigene Kraft und das eigene Genie verließ, sondern daß er mit klarem Blick und zur rechten Stunde das Heil und die Zukunft seiner Industrie in der Mitarbeit vieler geistigen Kräfte und in dem harmonischen Zusammenwirken aller erkannte. So hielt er Glück und Zufall fest und schuf ein ganzes Werk, worin ein jeder seiner Mitarbeiter den besten Platz für seine Kraftentwicklung fand, des deutschen Dichterwortes eingedenk:

„Immer strebe zum Ganzen, und kannst du selber kein Ganzes werden, als dienendes Glied schließ an ein Ganzes dich an."

Und diese richtige Erkenntnis, die einst der deutschen Teerfarbenindustrie die Quellen des Erfolges wies, hat in der Folgezeit auch der gesamten deutschen chemischen Industrie — und nicht zum mindesten der von Mannheim-Ludwigshafen — das schon äußerlich sichtbare Gepräge des modernen Kulturfortschrittes verliehen. Nirgends begegnen wir mehr dem wilddesolaten, finsteren Bilde, wie es einst in unseren „Gifthütten" und chemischen Fabriken und eindrucksvoller noch in den großen englischen Fabrikzentren von St. Helens, Widnes und New-Castle vor unsere Augen trat. Unsere deutschen chemischen Fabriken sind zu wissenschaftlichen Forschungsstätten geworden, hell und licht, so weit verschieden von ihren Vorgängern wie die modernen Laboratorien von den ehemaligen Kellergewölben der im Dunkeln tastenden Alchimisten.

Und in diesen Stätten webt die deutsche chemische Industrie von Tag zu Tag an ihrem herrlichen Schmuckgewand. Wohl möchte das Ausland uns die Industrie entführen, es wartet nur auf die Vollendung des Gewandes. Aber das Gewand wird nicht fertig. Der klugen Penelope gleich vernichtet die Industrie an jedem Abend ihr Tagewerk und an jedem folgenden Morgen webt sie neue, schönere und glänzendere Fäden ein. Solange die Erfindungsgabe sie nicht verläßt und ihre Webekunst nicht ermattet, wird das Ausland die umworbene Braut nicht heimführen! Aber man nehme ihr nicht Luft und Licht und treibe sie nicht selbst aus der deutschen Heimat hinaus in die Fremde! Luft und Licht für unsere chemische Industrie ist ihr ungehemmter Export in den Weltmarkt. Man denke an die unwiderlegbar wahren, warnenden Worte Liebigs[1]), mit denen er einst auf die durch eine unweise Zollpolitik vernichtete Ausfuhr des sizilianischen Schwefels und des russischen Talgs und der Pottasche hinwies:

„Nur durch die Not gezwungen kauft man Waren in einem Lande, welches unsere eigenen Waren von seinem Verkehr ausschließt."

Doch noch ist die Betrachtung unseres Bildes unvollständig. In seinem Vordergrunde lenkt noch eine Reihe hervorragender Werke unsern Blick auf sich. Wenden wir uns nochmals den Industriestätten des „Waldhofs" und der „Rheinau" zu.

Dort, wo der alte Lauf des Rheins, der Altrhein, in weitem Bogen den Neckar mit dem Rhein verbindet und in jüngster Zeit die immer mächtiger emporstrebende Handels- und Industriestadt Mannheim ein ihrem Handelshafen ebenbürtiges Industriehafengebiet geschaffen hat, dort auf dem „Waldhof" hatte frühzeitig schon die chemische Industrie eine Heimstätte für ihre gedeihliche Entwicklung gefunden. Es ist uns erinnerlich, daß anfangs der siebziger Jahre der Verein Chemischer Fabriken dort eine Anilinfabrik errichtete, und daß 1882 Christoph Boehringer seine Mannheimer Chininfabrik dorthin verlegte. Aber noch viel früher, schon vor fünfzig Jahren, hatte die Lage am Rhein, verbunden mit der Fundstätte eines für die Spiegel-

---

[1]) Chemische Briefe, 3. Aufl., Brief XI, 183.

glasfabrikation besonders geeigneten Fluglandes, eine Zweigniederlassung der seit Colberts Zeiten hoch berühmten französischen Werke von St. Gobain herbeigezogen. Wem es je vergönnt war, unter kundiger Führung die großartige Anlage der „Mannheimer Spiegelmanufaktur Waldhof"[1]) zu durchwandern und einen Blick in ihre Glasschmelze, in den imposanten Spiegelguß, in die Schleiferei- und Politurbetriebe und in die schließliche Herstellung ihrer Liebigschen Silberspiegel werfen zu dürfen, der wird ein unvergeßliches Bild von einer durch die Wissenschaft erleuchteten Technik mit sich genommen haben, aber auch einen nicht minder nachhaltigen, wohltuenden Eindruck von dem humanen Geiste, der die dortigen Einrichtungen für das leibliche und geistige Wohl der seit Generationen seßhaften, heimische Sitte und Sprache bewahrenden französischen Arbeiterkolonie durchweht. Die ältesten Wohlfahrtseinrichtungen des „Waldhofs" sind für die spätere Arbeiterfürsorge unserer hiesigen großen Werke vorbildlich gewesen, und auch in diesem edlen Wettbewerbe hat wiederum die Badische Anilin- und Sodafabrik den ihrer industriellen Stellung entsprechenden Vorrang sich errungen und gewahrt[2]).

Vorbei an der früher erwähnten Weyl'schen Anlage zur Herstellung von „Zwischenprodukten" für die Teerfarbenindustrie folgen wir dem Laufe des Altrheins bis zu der Chininfabrik von „C. F. Boehringer & Söhne"[3]). Alleininhaber

---

[1]) Der Betrieb der Spiegelmanufaktur wurde im Oktober 1854 eröffnet. Die Fabrik beschäftigt ca. 400 Arbeiter, ihr jährlicher Produktionswert ist etwa $1^1/_2$ Millionen Mark. Die Herstellung der Spiegel mittels Quecksilberbelag wurde wegen ihres gesundheitsschädlichen Einflusses auf die Arbeiter anfangs der achtziger Jahre gänzlich aufgegeben und durch die Einführung der Liebigschen Silberspiegel ersetzt. Das jetzige Versilberungsverfahren ist im wesentlichen das von Petitjean (1854) verbesserte Liebigsche Verfahren, wobei eine dem Sonnenlicht während längerer Zeit ausgesetzte Weinsteinsäurelösung als Reduktionsmittel zur Verwendung kommt. (Frdl. Mitteil. von Herrn Dir. Jules Meyer.)

[2]) Vgl. Festschrift der B. A. S. F. (Anm. 2, S. 153) und „Geschichte der Stadt Ludwigshafen" (Anm. 1, S. 154) über die Wohlfahrtseinrichtungen der Anilinfabrik.

[3]) Die Fabrik beschäftigt 400 Arbeiter und 65 Handwerker mit einer jährlichen Lohnsumme von 450 000 M. Die Zahl ihrer Chemiker

der Firma ift feit 1892 ihr früherer Teilhaber Dr. Friedrich
Engelhorn, der ältefte Sohn des hochverdienten Gründers
unferer Teerfarbeninduftrie. Unter feiner auf die Mitarbeit
zahlreicher wiffenfchaftlicher Chemiker in- und außerhalb der
Fabrik geftützten Leitung vergrößerten und vervielfältigten
fich die urfprünglichen Betriebe. Der Hauptartikel blieb das
Chinin, von dem die Fabrik zufammen mit den beiden andern
deutfchen Chininfabriken in Frankfurt a. M. und Braunfchweig
mehr als die Hälfte des Weltbedarfs produziert. Die Jahresproduktion der Waldhofer Fabrik beträgt etwa 60 000 kg des
noch von keinem fynthetifchen Heilmittel völlig erreichten und
auch felbft fynthetifch noch immer nicht erreichbaren wohl-
tätigen Chinins. An die urfprüngliche Fabrikation von China-
alkaloiden, Äther, Chloroform ufw. fchloß fich nach und nach die
Darftellung faft fämtlicher Alkaloide, Extrakte, Glykofide, fyn-
thetifcher Riechftoffe, zahlreicher pharmazeutifcher und tech-
nifcher Präparate, insbefondere des Glyzerins aus den Unter-
laugen der Seifenfabriken und anderweitiger Hilfs- und Zwifchen-
produkte für die Teerfarbeninduftrie. Eine ihrer Spezialrich-
tungen ift die Ausbildung elektrochemifcher Verfahren. So ent-
fteht dort gegenwärtig eine Anlage zur elektrolytifchen Darftellung von Anilin unter gleichzeitiger Gewinnung von Chlor
und Alkali. Auf dem von Emil Fifcher eröffneten Gebiete der
Xanthinbafenfynthefe ift die Fabrik fchon feit längerer Zeit
erfolgreich tätig. Eines ihrer technifch gewordenen Forfchungs-
refultate ift die Fabrikation des Kaffeins aus der von Liebig und
Woehler zuerft eingehend unterfuchten Harnfäure des Guano,
— eine kaum minder bizarre Leiftung unferer modernen Schwarz-
kunft als die Erzeugung von Blumenfarbe und Blütenduft,
von Saccharin und Antipyrin aus dem fchwarzen, übelduftenden
Steinkohlenteer —.

Weiter gelangen wir zu den mächtigen Fabrikanlagen der
„Zellftoffabrik Waldhof"[1]), eines Weltetabliffements. Das

beträgt 31, davon find 9 Chemiker im wiffenfchaftlichen Laboratorium und 4 im elektrochemifchen Verfuchslaboratorium tätig. Es
werden jährlich für mehr als $2^{1}/_{2}$ Mill. Mark Drogen verarbeitet.

[1]) Die Gefamtzahl der in der Mannheim-Waldhofer Fabrik felbft

Werk wurde 1884 von dem nach 23jähriger Tätigkeit in der von ihm mitbegründeten Teerfarbenindustrie noch immer unvermindert schaffensfreudigen Dr. Carl Clemm gemeinsam mit dem Mannheimer Kaufmann Carl Haas als Aktiengesellschaft gegründet und nahm bald einen schnellen und großen Aufschwung. Die Produktion von trockener Sulfitzellulose stieg von 4100 t im Jahre 1886 auf das zehnfache im Jahre 1895 und erreichte gegen 50 000 t im Jahre 1903. Dazu kommt die Produktion ihrer großen russischen Zweigniederlassung, der „Fabrik Waldhof" bei Pernau, mit jetzt 44 000 t. Mitten in den Vorarbeiten für die Errichtung dieses zweiten großartigen Etablissements, das gegenwärtig schon über 1500 Beamte und Arbeiter beschäftigt, wurde 1899 Dr. Carl Clemm jählings aus dem Leben abberufen. Der in der Geschichte der hiesigen chemischen Industrieentwicklung so oft und rühmlich genannte Name „Clemm" verblieb aber in dem von ihm geschaffenen Werke. Sein Nachfolger in der Leitung der „Zellstoffabrik Waldhof" wurde sein jüngster Sohn, Dr. Hans Clemm.

Von der Zellulose wenden wir uns nun zu ihrer Nitrierung auf der „Rheinau". Auf dem Wege erblicken wir wiederum eine aus der Teerfarbenindustrie hervorgegangene und ihr durch die Darstellung eines ihrer wichtigsten Hilfsmittel, des Natriumnitrits, dienstbar gewordene Fabrik: die Fabrik von Manz & Gamber.

Die Nitrierung von Zellulose zum Zweck der Darstellung von Zelluloid wurde bald nach dessen Erscheinen im Markte (1880) in der von Friedrich Julius Bensinger 1873 unter der Firma „Rheinische Hartgummiwaren-Fabrik" in Neckarau bei Mannheim gegründeten Fabrik aufgenommen und der gesamte

---

beschäftigten Beamten und Arbeiter beträgt ca. 1700, dazu kommt noch eine große Anzahl Waldarbeiter. Die Gesellschaft besitzt 1471 ha Fichtenwaldungen. In Betrieb sind 32 Kocher und 11 Langsiebmaschinen. Die erforderliche Menge des reinsten Wassers wird aus einem weitverzweigten Netz von 80 Rohrbrunnen durch 5 Dampfmaschinen von 500 HP. gefördert (24 000 l pro Minute). Die russische Zweigfabrik hat 14 Kocher und 5 Langsiebmaschinen in Betrieb. Ihr Waldbesitz beträgt 6504 ha.

Nitrierungsbetrieb infolge einer Explosion in Neckarau und wegen des leichteren Säurebezuges 1882 nach Rheinau in die Nähe der ehemaligen „Chemischen Fabrik Rheinau" verlegt, während die Umwandlung der Nitrozellulose in Zelluloid und die weitere Verarbeitung dieses so vielfach verwendbaren Materials zugleich mit der Fabrikation von Hart- und Weichgummiwaren in Neckarau verblieb. In den großartigen Anlagen des nach mehrfachem Brandunglück aus schwerer Sorgenzeit zu glänzender Entwicklung unter der heutigen Firma „Rheinische Gummi- und Zelluloid-Fabrik Mannheim-Neckarau"[1]) gelangten Unternehmens sind jetzt über 2000 Arbeiter und Beamte beschäftigt.

Gedenken wir an dieser Stelle noch der beiden anderen hiesigen sehr hervorragenden Niederlassungen der Gummiindustrie: der Hutchinsonschen Weichgummifabrik an dem Industriehafen und der „Mannheimer Gummi-, Guttapercha- und Asbest-Fabrik", einer Engelhornschen Gründung zur Herstellung von Hart- und Weichgummiwaren.

Auch die Salzsäure der Rheinauer chemischen Großindustrie hatte schon vor Jahren die Gründung einer benachbarten Fabrik von Chlorpräparaten, u. a. von Chloral, Chlorschwefel und Tetrachlorkohlenstoff, unter der Firma „Müller & Dubois" (jetzt: „Dubois & Kaufmann") veranlaßt und auch die „Chemische Fabrik Grensheim" errichtete später dort eine Zweigfabrik, aber erst die früher erwähnte Schöpfung des neuen Rheinauhafengbiets erregte weithin die Hoffnung auf ein neues industrielles Eldorado und zog in jüngster Zeit die Gründung mächtiger Großbetriebe herbei. So gründete 1899 die bekannte Seifenfabrik von Lever Brothers in Port Sunlight im Verein mit einer Anzahl deutscher Industrieller die A.-G. „Sunlight Seifenfabrik" und errichtete eine ausgedehnte, elegante und mustergültige Anlage zur Fabrikation von „Sunlightseife" und Glyzerin. Daneben erblicken wir das „Stahlwerk Mannheim" mit Siemens-Martins Schmelzöfen zur Er-

---

[1]) Friedr. Julius Bensinger wurde im Januar 1891 in seinem 50. Lebensjahre aus seinem arbeits- und erfolgreichen Leben abberufen.

zeugung von Gußſtahl für Formguß, insbeſondere für widerſtandsfähige Apparate der chemiſchen Induſtrie, mit großen Gießerei-, Schmiede- und mechaniſchen Werkhallen. Und weiter entfernt erhebt ſich der Bau der „Diamant", Deutſche Zündholzfabrik A.-G., in dem mit durchweg ſelbſttätigen Maſchinen in der Minute 1500 Schachteln = 100 000 Zündhölzer fabriziert werden.

Zur Vervollſtändigung unſeres Bildes müßte noch auf zahlreiche andere, große und kleine, mit der chemiſchen Induſtrie mehr oder minder zuſammenhängende Betriebe hingewieſen werden z. B. auf die Lack- und Firnisfabriken, auf die ſchon ſeit 1837 beſtehende „Zuckerraffinerie Mannheim", auf das hieſige hochentwickelte Gärungsgewerbe, auf Fabriken von Teer- und Harzprodukten ſowie auch auf die für die chemiſche Apparatentechnik von hervorragendem Intereſſe gewordenen Leiſtungen der „Deutſchen Steinzeugwarenfabrik für Kanaliſation und chemiſche Induſtrie in dem nahen Friedrichsfeld. Doch dürfte auch unſer unvollſtändig gebliebenes Bild uns einen genügend ſtarken Eindruck von dem Entwicklungsgang, der Eigenart und der Bedeutung der chemiſchen Induſtrie von Mannheim-Ludwigshafen bereits gewährt haben. Aber noch eindringlicher ſprechen zu uns die Zahlen des Volkswirts und Statiſtikers. In Ergänzung meiner Worte hat ſie der oberrheiniſche Bezirksverein den Feſtteilnehmern in einer Feſtſchrift[1]) dargebracht.

Den von berufenſter Seite und in dankenswerter Weiſe angeſtellten Ermittlungen entnehmen wir an dieſer Stelle nur, daß in Mannheim-Ludwigshafen in 36 chemiſchen Betrieben mit mindeſtens 10 000 000 Mark jährlicher Lohnſumme 15 243 Arbeiter, davon 8919 in Ludwigshafen und 6324 in Mannheim, regelmäßig beſchäftigt ſind. „Es dürften alſo in beiden Städten zuſammen etwa 55 000 Menſchen von den Arbeitslöhnen der

---

[1]) „Führer bei der Hauptverſammlung des Vereins Deutſcher Chemiker in Mannheim 1904" S. 49, Dr. Emminghaus (Sekretär der Mannheimer Handelskammer): „Vom volkswirtſchaftlichen Wert der chemiſchen Induſtrie".

chemischen Industrie existieren und zwar in Ludwigshafen etwa 35 000, nicht viel weniger als die Hälfte der gesamten Einwohnerschaft, in Mannheim rund 20 000." Abgesehen ist hierbei von den zahlreichen Chemikern, dem kaufmännischen und technischen Beamtenpersonal. — Und ferner:

„Für 1903 darf der Gesamtwert der Produktion der deutschen chemischen Industrie im engeren Sinne auf wenigstens 1350 Millionen Mark geschätzt werden. Der Gesamtproduktionswert der chemischen Industrie in den Schwesterstädten Mannheim-Ludwigshafen berechnet sich auf rund 134 Millionen Mark und dürfte hiernach etwa den zehnten Teil des gesamten Produktionswertes der deutschen chemischen Industrie in sich vereinigen."

Mögen nun Liebigs goldene Worte uns auch zum Schluß geleiten!

Er sagt uns: „Wir wissen jetzt, daß alle besonderen Zwecke der Alchimisten der Erreichung eines höheren Zieles dienten. Der Weg, der dazu führte, war offenbar der beste. Um einen Palast zu bauen, sind viele Steine nötig, welche gebrochen, und viele Bäume, welche gefällt und behauen werden müssen. Der Plan kommt von oben, nur der Baumeister kennt ihn[1])."

Das Werk der alten Meister haben die jüngeren fortgesetzt. Auch unsere Industrie hat in den letzten 50 Jahren ihrer Entwicklung viele Steine gebrochen, viele Bäume gefällt und behauen. Den Bau sahen wir zur Ehre und zum Ruhme des deutschen Namens herrlich emporwachsen, aber noch wissen wir nicht, wohin er strebt. Ziel und Plan unseres Werkes sind in dem vor uns aufgeschlagenen Buche der Natur verzeichnet, Seite um Seite enträtseln wir seine Schrift, aber die kühnste Phantasie kann nicht ersinnen, was uns die nächste Zeile noch verbirgt. Doch wissen wir, daß wir die Diener eines höheren Willens sind und sehen, daß unsere Arbeit Wohlfahrt, Gesittung und Nächstenliebe fördert. Das künden uns schon jetzt die einem vorahnen-

---

[1]) Chemische Briefe, Brf. 3.

den Verständnis für die höheren Ziele der Industrie entsprossenen Wohlfahrtseinrichtungen unserer großen Werke.

Und wenn nach hundert und aber hundert Jahren der Plan des Baumeisters sich enthüllt hat, so möge dann ein zweiter Liebig im Hinblick auf die Arbeit unserer Tage sagen, daß auch die chemische Industrie von Mannheim-Ludwigshafen stets den besten Weg gegangen ist und daß die Hauptversammlung des Vereins Deutscher Chemiker im Jahre 1904 ein Markstein auf dem Wege ihres Fortschritts war. Das walte Gott!

Handschreiben S. Kgl. Hoheit des Großherzogs Friedrich I. von Baden.

Wertgeschätzter Herr Hofrat Dr. Caro!

Sie haben die Freundlichkeit gehabt, mir ein Exemplar Ihres Vortrags über die Entwicklung der chemischen Industrie von Ludwigshafen-Mannheim zukommen zu lassen. Ich habe diese Arbeit mit Interesse entgegengenommen und spreche Ihnen meinen aufrichtigen Dank dafür aus. Zugleich verbinde ich damit den Ausdruck meiner Freude und Anerkennung darüber, daß eine so berufene Persönlichkeit, wie Sie, es unternommen hat, dem Verein der Deutschen Chemiker dieses glänzende Bild der Entwicklung einer für die beiden Schwesternstädte so bedeutungsvollen Industrie vorzuführen, und ich kann nicht umhin, in Ergänzung Ihrer trefflichen Darstellung hervorzuheben, welchen verdienstvollen Anteil Sie selbst an dem Aufschwung der chemischen Industrie und Wissenschaft genommen haben. In dankbarer Gesinnung bin ich

Ihr
Wohlgeneigter
Friedrich.

Schloß Baden,
den 25. Oktober 1904.

An den
    Herrn Hofrat Dr. Caro
    in Mannheim.

Hauptverſammlung Deutſcher Chemiker in Bremen.
14.—17. Juni 1905.

Anſprache auf dem Cloyddampfer „Bremen" während der Fahrt nach Helgoland. 16. Juni 1905.

Meine Damen und Herren! Liebe Vereinsgenoſſen!

Unſer wackeres Vereinsſchiff Deutſcher Chemiker hat unter der ſturmerprobten Leitung unſeres allverehrten Kapitäns und ſeiner wetterfeſten Offiziere in dieſem Jahre ſeinen Kurs vom deutſchen Binnenland nach der Hanſaſtadt Bremen, von ſeinem vorjährigen Ankerplatze in den rebenumgrünten Bergen des Rheins und des Neckars zum deutſchen Weſerſtrom, vom Fels zum Meer genommen. Seinen Kurs konnte unſer Vereinsſchiff nicht verfehlen!

Denn ſchon ſeit Jahresfriſt und aus weiter weiter Ferne her riefen uns die lockenden Sirenentöne unſerer lieben Bremer Gaſtfreunde zu: Alle Mann, Männlein und Weiblein, an Bord! Und wie ein blinkendes Leuchtfeuer wies uns den richtigen Weg die Erinnerung an die glorreiche Vergangenheit des alten Hanſabundes, der Gedanke an Bremens gegenwärtige Herrſcherſtellung in dem weltumſpannenden Handel- und Seeverkehr. So ſind wir glücklich an unſer diesjähriges Reiſeziel gelangt. Aber alle unſere noch ſo hochgeſpannten Erwartungen ſind ſeit unſerer Ankunft übertroffen worden! Gegen die von uns mitgebrachten wiſſenſchaftlichen und techniſchen Frachtgüter haben wir reiche Schätze aus der Arbeitswelt des Handels und der Schiffahrt eingetauſcht. Uns allen wurde nun die Freundeshand in wahrhaft liebenswürdiger Form dargeboten. Heute wird uns der edelſte Genuß zuteil: Eine Meeresfahrt auf der herrlichen „Bremen" des Norddeutſchen Lloyd!

Auf dieser unvergleichlich schönen Fahrt, begünstigt von Wind und Wetter, unter blauem Himmel und auf sonnenbeglänzter, friedlich ruhender See haben wir unvergeßliche Eindrücke in uns aufgenommen. Staunend durchwanderten die Landratten und ihre holden Gefährtinnen den schwimmenden Palast. Ein Bild der Größe und ehrfurchtgebietenden Macht des Norddeutschen Lloyd. Hin und her fliegen seine stolzen Schiffe über das Weltmeer und, den Weberschiffchen vergleichbar, weben Sie immer festere und dichtere Bande des gegenseitigen Verständnisses, des Wohlstandes und der Kultur zwischen der deutschen Heimat und den fernsten Ländern, dem deutschen Namen, der deutschen Flagge zu Ruhm und Ehr!

Und hier in dieser gastlichen Runde kommt mir unwillkürlich ein Verslein in den Sinn, das wir in unserer Jugendzeit so oft und gern gehört haben:
>Bei einem Wirte wundermild,
>Da war ich jüngst zu Gaste.

Und der Schlußreim lautet:
>Ich fragte nach der Schuldigkeit,
>Da schüttelt er den Wipfel,
>Gesegnet sei er allezeit
>Von der Wurzel bis zum Gipfel!

Ja, gesegnet, reich gesegnet sei der Norddeutsche Lloyd! Möge er fortdauernd blühen, wachsen und gedeihen! Lassen Sie uns, meine verehrten Damen und Herren, dankbaren Sinns die Gläser ergreifen und dem Norddeutschen Lloyd und insbesondere dem Kapitän und den Offizieren der „Bremen", an die wir zeitlebens dankbar denken werden, ein jubelndes Hoch darbringen!

Zum 70. Geburtstage von Adolf von Baeyer.

H. C. wird vom Verein Deutscher Chemiker aufgefordert, den Festgruß zum 70. Geburtstag A. v. Baeyers darzubringen.

Heute — am 31. Oktober — tritt Adolf von Baeyer in das achte Jahrzehnt seines der Wissenschaft geweihten Lebens ein.

In rastloser, fast ein halbes Jahrhundert umfassender Geistesarbeit hat der Altmeister deutscher chemischer Forschung die Entwicklung der Chemie und ihrer Anwendungen in eine unabsehbare Reihe neuer Fortschrittsbahnen geleitet und noch immer sprudelt sein Schaffensquell so hell und frisch wie in den jungen Tagen. Das Herannahen des siebzigsten Geburtstages von Adolf von Baeyer ist daher von der chemischen Mitwelt als ein besonders denkwürdiges Ereignis in dem Leben unserer Wissenschaft freudig und festlich begrüßt worden. Eingedenk der von ihm empfangenen Wohltaten haben — weit über Deutschlands Grenzen hinaus — Baeyers Schüler, Freunde und Verehrer mit wissenschaftlichen und technischen Körperschaften und Vereinen, mit der gesamten deutschen chemischen Wissenschaft und Industrie gewetteifert, dem allverehrten Meister an der Schwelle des neuen, ruhmvoll erreichten Lebensabschnittes Huldigung und Glückwunsch darzubringen.

Wem es vergönnt war, der erhebenden Vorfeier des Geburtstages[1]) am 2. Oktober beizuwohnen, der hat ein Stück chemischer Geschichte miterlebt. In dem Liebigschen Hörsaal zu München, an geweihter Stätte, verkörperte sich Baeyers vergangenes Leben. Längst entschwundene Zeiten, der Geschichte angehörig, wurden von neuem wach und gewannen körperliche Form und

---

[1]) Zeitschr. f. angew. Chemie 1905, 1617.

Gestalt. Fast mit jedem der Anwesenden war dieses reiche, arbeitsvolle Leben zu irgendeiner Zeit verknüpft gewesen, jeder seiner dort versammelten Schüler und Mitarbeiter hatte einst Geist von seinem Geiste, Lehre aus seinem Munde, Beispiel und Vorbild von ihm, dem Meister, dem Führer, dem Freund, als Stab und Stütze für den eigenen Lebensweg empfangen. Viele waren schon zu einem hohen Ziel gelangt. Man hörte Namen von unvergänglichem Klange in der Wissenschaft und Technik, sah deren Träger und erinnerte sich daran, welche Fülle von epochemachenden Arbeiten, welche Großtaten der Industrie aus dieser Geistesgemeinschaft hervorgegangen waren. Wohl fehlte manch teures Haupt aus Baeyers Gemeinde an seinem Ehrentage, aber um so heller ertönte der jubelnde Zuruf der Alten und begeistert stimmte der jüngere Nachwuchs ein.

Was in jenen weihevollen Stunden gesprochen wurde, wird den Hörern unvergeßlich bleiben: die von wärmster Empfindung getragenen Ansprachen von Baeyers ältesten Schülern Graebe, Liebermann und Emil Fischer, Duisbergs schwungvolle Begrüßungsworte und vor allem die herrliche Dankesrede des Gefeierten, die in einem Selbstbekenntnis seiner von vorgefaßter Meinung freien und der Natur angepaßten Denk- und Arbeitsweise ausklang. Alles ergänzte sich gegenseitig zu einem Lebensbilde von ergreifender Wahrheit.

Aber auch einen sichtbaren und bleibenden Ausdruck hatte dieses Lebensbild gefunden: in der Bronzebüste des Jubilars und in der zur Feier des siebzigsten Geburtstages des Autors von seinen Schülern und Freunden veranstalteten und mit seinem Bildnis geschmückten Herausgabe seiner gesammelten Werke.

Diese Werke, bei deren Überreichung Graebe treffend sagte, „daß sie nicht eigentlich ein Geschenk für den Jubilar, sondern ein Geschenk von ihm an die gesamte chemische Welt bilden", diese gesammelten Werke sind inzwischen zum Gemeingut aller Chemiker geworden und werden bald in keiner chemischen Arbeitsstätte fehlen. Selbst der mit Baeyers Schriften einigermaßen Vertraute wird mit Staunen und ehrfurchtsvoller Bewunderung die beiden wuchtigen Bände zur Hand nehmen, in denen eine so gewaltige Lebensarbeit der Mit- und Nachwelt überliefert wird. Für wissenschaftliche und technische Forschung sind sie eine unerschöpfliche Quelle von Anregung und Belehrung. Der wissenschaftliche Arbeiter findet darin in chronologischer Reihenfolge und durchsichtiger Anordnung die klassischen Untersuchungen über „Organische Arsenverbindungen", über die „Harnsäuregruppe", über „die Chemie der hydroaromatischen Verbindungen, den Abbau der Mellithsäure und die Konstitution des Benzols" und weiter: die großen Untersuchungen „über die Terpene", „die Spannungstheorie" und „die basischen Eigenschaften des Sauerstoffs", nebst zahlreichen anderen Forschungsresultaten. Den Techniker und insbesondere den Farbstofftechniker fesseln aber auf den ersten Blick vor allem die Kapitelüberschriften „Indigo", „Wasserentziehung und Kondensation", „Phtaleine" und „Nitrosoverbindungen": Kapitel, welche die wissenschaftlichen Grundlagen für die Erforschung und den Ausbau weit ausgedehnter Industriegebiete in sich schließen.

Auf diesen Gebieten der angewandten Chemie ist Adolf von Baeyer während eines Jahrzehnts in enge persönliche Berührung mit der Industrie getreten. Hier hat der Meister der Wissenschaft es nicht verschmäht, Hand in Hand mit dem Techniker zu gehen, Schulter an Schulter mit ihm dem industriellen Fortschritt neue Bahnen zu eröffnen. Hier ist das in der Entwicklungsgeschichte unserer modernen Industrie so oft gehörte Wort von der „Wechselwirkung zwischen Technik und Wissenschaft" zur lebendigen Tat geworden. Was die Technik fand, das erklärte die Wissenschaft; die richtige Deutung führte — wie immer — zu neuen Ausblicken, neuen Funden.

Mit wahrem Feuereifer und wie jeder große Entdecker einem inneren unbewußten Drange folgend hatte Baeyer schon frühzeitig das Farbstoffgebiet betreten. Zu jener Zeit, als mit den ersten leuchtenden Anilinfarben eine neue geheimnisvolle Farbstoffwelt erschlossen war, wagte der junge Forscher sich an die bisher vergeblich erstrebte Lösung eines ernsten uralten Problems: an die Enträtselung des Indigo. Er hat uns selbst erzählt[1]), wie der Indigo seine Phantasie schon im Knabenalter beschäftigte und mit welchem Entzücken er ein Stück Indigo in der Hand gehalten habe, das er sich für ein zum dreizehnten Geburtstage geschenktes Zweitalerstück gekauft hatte. Was der Knabe einst träumte, sollte der zum Forscher gereifte Mann nach langen Jahren in glänzende Erfüllung gehen sehen. „Im Jahre 1870 erblickte der künstliche Indigo das Licht der Welt". Zehn Jahre später, am 22. Januar 1880, schrieb Baeyer einem Freunde in der Technik: „Seit Weihnachten geht die Fabrik von neuen Sachen wieder besser und es ist besonders die Indigofrage in ein neues Stadium getreten. Der technische Indigo ist noch nicht da, aber wenigstens eine Methode, welche sich gewöhnlicher Hilfsmittel bedient." Diese Methode ging bereits vom Orthonitrozimtsäuredibromid aus. Schon am 18. Februar konnte Baeyer melden: „Die indigogene Substanz ist die Orthonitrophenylpropiolsäure." Und nun begann in unablässigem Gedankenaustausch ein rastloser, fast fieberhafter Wetteifer zwischen der Wissenschaft und Technik, um in der neu eingeschlagenen Richtung bis zu den letzten Zielen vorzudringen. Bald waren die ersten Schwierigkeiten der Fabrikation siegreich überwunden, und „Baeyers künstlicher Indigo", wenn auch zunächst nur für beschränkte Anwendungen, in die Färbereitechnik eingeführt.

Die im Fabrikbetrieb zutage geförderten, bis dahin kaum zugänglich gewesenen Materialien hatten aber gleichzeitig eine höhere Mission erfüllt: durch sie erst war die umfassende wissenschaftliche Ergründung der Indigogruppe ermöglicht worden; eine Entdeckung folgte nun der andern, neue Körper, neue Methoden, neue Anschauungen drängten in Fülle an das Licht, eine Reihe glänzender Abhandlungen gab davon Kunde. Der vordem „dunkle Erdteil" war fortan für den Fortschritt der

---
[1]) A. v. Baeyer, Gesammelte Werke, „Zur Geschichte der Indigosynthese." S. 40.

Wissenschaft und der Kultur erschlossen. Am 15. August 1883 konnte Baeyer[1]) mitteilen, daß das Rätsel des Indigo vollständig gelöst und „jetzt der Platz eines jeden Atomes im Molekül dieses Farbstoffes auf experimentellem Wege festgestellt sei." Wurde das große wirtschaftliche Endziel: die Verdrängung des natürlichen durch den künstlichen Indigo auch erst in jüngster Zeit auf verbesserten Wegen erreicht, so war dies doch nur — wie die Geschichte aller industriellen Erfolge lehrt — die naturgemäße Folge der ersten bahnbrechenden Entdeckung. Baeyer selbst und Heinrich Brunck haben uns in ihren denkwürdigen Reden bei der Weihe des Hofmann-Hauses[2]) den Entwicklungsgang der Indigosynthese vom wissenschaftlichen und technischen Standpunkt aus eingehend geschildert. Das Verdienst der unvergleichlich großen industriellen Leistung wird nicht geschmälert, wenn man Adolf von Baeyer auf alle Zeiten hinaus als den ruhmreichen Begründer der Industrie des „künstlichen Indigo" verehrt.

Hätte Baeyer der Farbstofftechnik keine weitere Gabe als die Indigosynthese gespendet, keine der zahlreichen zu Grundlagen oder Hilfsmitteln der Industrie gewordenen Entdeckungen, von denen seine „Gesammelten Werke" Kunde geben, nicht seine klassische Zinkstaubmethode, die uns die Muttersubstanzen unsrer Farbstoffgruppen enträtselt und schon in einer ihrer ersten Anwendungen durch Baeyers Schüler Graebe und Liebermann das „künstliche Alizarin" aus seinem Berliner Laboratorium hervorgehen ließ, nicht die farbenprächtigen Phtaleine, nicht seine folgenreichen Aldehydkondensationen und Farbstoffsynthesen auf dem Anilinfarbengebiet, nicht die wunderbar reaktionsfähigen Nitrosoverbindungen mit ihren vielgestaltigen Abkömmlingen: den Azinen, Thiazinen und Oxazinen, hätte Baeyer auf seinem hohen wissenschaftlichen Fluge kein weiteres technisches Problem gelöst als das der Indigosynthese, so würde ihm diese Tat allein das Ehrenbürgerrecht der chemischen Industrie erworben haben.

---
[1]) Gesammelte Werke, I, 319.
[2]) Berichte 1900, Sonderheft S. 51 ff.

Der Verein Deutscher Chemiker verdankt ihm aber noch eine besonders wertvolle Gabe: das dieses Heft der Vereinszeitschrift festlich schmückende Bildnis seiner Bronzebüste. Selbst im Bilde wird dieses herrliche Kunstwerk seinen Eindruck auf den Beschauer nicht verfehlen. So sahen wir Baeyer an seinem Ehrentage, so sprach er zu uns, so kennen ihn seine Schüler und Freunde, wenn er ihnen zuhört, mit ihnen forscht und denkt! Das Haupt leicht geneigt, das Auge sinnend, den Blick nach innen gerichtet, scheint der große Denker zu lauschen und zu horchen. „Er belauscht andächtig das Walten der Natur". Die Eigenart seiner Geistesrichtung hat hier ihren höchsten künstlerischen Ausdruck gefunden. Baeyer selbst gab uns hierfür den Schlüssel des Verständnisses. Auf seine Büste hinweisend sagte er[1]):

„So haben es schon die alten Empiriker gehalten: sie haben ihr Ohr an die Natur gelegt. Das gleiche tun die modernen Naturforscher und auch ich habe es versucht. Es übt eine ganz besondere Wirkung auf den Menschen aus, wenn man so sich der Natur nähert. Er entwickelt sich dann ganz anders als jemand, der mit einer vorgefaßten Idee der Natur gegenübertritt".

So ist Adolf von Baeyer geworden, wie wir ihn kennen, lieben und verehren.

Heute, an seinem siebzigsten Geburtstage, sagt ihm der Verein Deutscher Chemiker Dank für alles Große und Gute, was deutsche chemische Wissenschaft und Technik aus seinem reich begnadeten Lebenswerk bisher empfangen haben. An den Dank reiht sich der innigste Glückwunsch des Vereins für einen ferneren glücklichen und schaffensfreudigen Lebensabend seines hochgefeierten Ehrenmitgliedes Adolf von Baeyer!

31. Oktober 1905.

---

[1]) Z. f. ang. Chemie 1905, 1621.

Dankbrief von A. v. Baeyer an H. C.

München, 23. Dezember 1905.
Lieber Caro!

Ich kann wohl sagen, daß mir von allen Glückwünschen der Ihrige am meisten Freude gemacht hat und mich am meisten gerührt hat, weil niemand mich so genau kennt wie Sie. Die ältesten Freunde, die am 2. Oktober anwesend waren, wie Graebe und Liebermann, haben mich nur als jungen Mann gekannt und die jüngeren als Lehrer. Sie sind der einzige, der gleichaltrig und auf der Höhe des Lebens längere Zeit wissenschaftlich und freundschaftlich als gleichberechtigter Genosse mit mir verkehrt hat, und zwar auf einem Gebiete, auf dem sich mehr Steine des Anstoßes befinden, als auf dem rein theoretischen.

Von Ihnen nun eine so gute Zensur erhalten zu haben, hat mich — ich kann es nicht anders ausdrücken — glücklich gemacht, und wenn ich mir eine Freude machen will, so lese ich Ihren in so warmen und freundschaftlichen Worten ausgedrückten Glückwunsch immer wieder von neuem. Haben Sie herzlichen Dank dafür!

Ihr getreuer
Adolf Baeyer.

Festrede zum 25jährigen Professoren-Jubiläum von Wilhelm Staedel.

Im Auftrag des Oberrheinischen Bezirks-Vereins Deutscher Chemiker hielt H. C. in der Aula der Technischen Hochschule zu Darmstadt am 31. März 1906 die Festrede bei der Feier des 25jährigen Professoren-Jubiläums von Geheimrat Prof. Dr. W. Staedel. (Bisher noch nicht veröffentlicht.)

Hochansehnliche Versammlung!
Verehrter Herr Geheimrat!

Freudig bewegt bringe ich Ihnen im Namen des Oberrheinischen Bezirksvereins Deutscher Chemiker Festgruß, Glückwunsch und den Ausdruck herzlichster Verehrung zu Ihrem heutigen Ehrentage dar!

25 Jahre treuester Berufserfüllung sind dahingegangen, seitdem Sie am 1. April 1881 Ihre hiesige Lehrtätigkeit als Ordinarius für Chemie in voller Jugendfrische angetreten haben. In diesem langen Zeitraum haben Sie — was nur wenigen vergönnt ist — an derselben Stätte mit stets sich erneuernder Arbeitsfreude gewirkt und mit Ihnen ist diese Pflegestätte deutscher technischer Wissenschaft zu Ihrer jetzigen glanzvollen Höhe emporgewachsen. Hier haben Sie unermüdlich geforscht und gelehrt, von hier drangen ihre Forschungsergebnisse in alle Welt hinaus, fruchtbringend für die chemische Wissenschaft und Technik und in Generationen Ihrer Schüler verpflanzten Sie hier, im Hörsaal wie im Laboratorium, mit lebendigem Wort und Beispiel die eigene Liebe zu unserer schönen Kunst und Wissenschaft, Ihr eigenes reiches Wissen und Können und mehr noch, Ihr eigenes richtiges chemisches Gefühl und Denken.

Wohl hat die Flucht von 25 arbeitsvollen Jahren inzwischen auch Ihr Haar gebleicht, es senkte sich der Silberglanz des Alters auf Ihr Haupt herab, aber innerlich find Sie jung geblieben, Schritt haltend mit der fich ewig verjüngenden Wiffenfchaft; und von Ihrer Stirne ftrahlt heute das freudige Bewußtfein, daß Sie auf Ihrem Berufsfelde jahraus, jahrein wie ein treuer Gärtner gefät und gepflanzt haben, und daß die Mühe nicht vergeblich war. Die Saat ift herrlich aufgegangen. Das kündet Ihnen bereits ein Blick auf diefe feftliche Verfammlung Ihrer dankbaren, jetzigen und ehemaligen Schüler, Ihrer Mitarbeiter und Kollegen, Ihrer zahlreichen treuen Freunde und Verehrer. So feiern Sie denn heut ein frohes Erntefeft!

Wie follte nun ein Verein unferer Fachgenoffen, der Sie mit Stolz den Seinigen nennt, bei diefem Fefte fehlen? Betrachtet fich doch auch der Oberrheinifche Bezirksverein Deutfcher Chemiker als Ihr Geifteskind, dem Sie von der erften Stunde feiner Geburt an ein väterlicher Freund gewefen find. Auf der allen Teilnehmern unvergeßlich gebliebenen Darmftädter Hauptverfammlung des Vereins Deutfcher Chemiker im Juni 1898, die unter diefem gaftlichen Dach der Technifchen Hochfchule tagte, entftand der Gedanke eines bleibenden perfönlichen Zufammenfchluffes zwifchen den Vertretern der Hochfchulen von Darmftadt, Heidelberg und Karlsruhe und der in ihrem Umkreis anfäffigen chemifchen Induftrie. Diefer von Ihnen mit befonderer Wärme befürwortete Gedanke führte bald darauf zur Gründung des Oberrheinifchen Bezirksvereins und feiner von Ihnen zuerft angeregten Ortsgruppen: Darmftadt, Mannheim und Karlsruhe. Und in Verfolgung des ihm fo klar vorgezeichneten Zieles wuchs und gedieh der junge Verein. Waren doch längft die Zeiten vorüber, in denen einft Theorie und Praxis, Wiffenfchaft und Induftrie, das zünftige Profefforentum und die ehrbare Handwerkerzunft, Talar und Schurzfell, einander als unverföhnliche Gegenfätze feindlich gegenüber geftanden waren. Schon längft war eine neue Zeit gekommen, die diefe fpröden Elemente im Feuer vorgefchrittener Erkenntnis zu einem neuen Metalle von hellftem Klang zufammenfchmolz: die technifche Wiffenfchaft, die wiffenfchaftliche Technik war erftanden.

Hüben und drüben lernte man sich gegenseitig kennen und würdigen, man tauschte Methoden und Erfahrungen aus, stellte einander gemeinsam zu lösende Probleme und angesichts der glänzenden neuen Resultate des Zusammenwirkens steigerte sich immer mehr das Bedürfnis nach persönlichem Zusammenschluß. Diese veränderte Zeitrichtung kam nun auch in den Vereinsversammlungen der deutschen Chemiker zu immer lebendigerem und oftmals drastischem Ausdruck. Auch in unserm jungen Bezirksverein und bei gemeinsamen Tagungen mit der Heidelberger Chemischen Gesellschaft dozierten Fabrikanten und Techniker vom Katheder der Hochschule herab und Hochschulprofessoren sprachen zu einem Auditorium von andächtig lauschenden Industriellen. Auf dieser Bahn sind nun auch Sie, verehrtester Herr Geheimrat, mit dankenswertem Beispiel vorangegangen. Schon auf der Darmstädter Hauptversammlung erstrahlte dieser Hörsaal im blendenden Lichte des Azetylens, weitaus die elektrische Bogenbeleuchtung überstrahlend. Und Jahrs darauf, in der ersten hiesigen Versammlung des jungen Bezirksvereins, führten Sie uns hier in einer glänzenden Experimentalvorlesung in die Geheimnisse der flüssigen Luft und in die blauen Wunder des mit ungestümem Freiheitsdrange beseelten flüssigen Ozons ein. Auf der Hauptversammlung in Düsseldorf — 1902 — sahen wir aber vollends das bisher für unmöglich Gehaltene Form und Gestalt annehmen. Sie zeigten uns die von Ihnen entdeckte prächtige Kristallisation des Wasserstoffsuperoxyds und die darauf gegründete Methode seiner völligen Reindarstellung. In einer Reihe eindrucksvollster Versuche wurden uns dann die Oxydationserscheinungen des daran widerstrebend gefesselten Sauerstoffes vorgeführt.

So sind Sie seit Jahren ein werktätiges Mitglied des Vereins Deutscher Chemiker und der Mitbegründer, Leiter und Lehrer seines Oberrheinischen Bezirksvereins geworden. Mit Recht drängte es daher diese Vereinigung der Ihnen räumlich und persönlich so nahestehenden Fachgenossen sich an dem heutigen Festtage der Reihe Ihrer dankbaren Schüler, Freunde und Verehrer glückwünschend anzuschließen. — Aber auch über die engeren Vereinsgrenzen hinaus — als deutsche Chemiker — fühlen sich Ihre Oberrheinischen Fachgenossen heute berufen und verpflichtet, dem Meister chemischer Forschung und Lehre, dem bewährten Förderer deutscher chemischer Wissenschaft und Technik den Ausdruck der herzlichen Verehrung darzubringen, die der Name „Wilhelm Staedel" in der chemischen Mitwelt sich errungen hat. Lassen wir dafür jetzt seine eigenen Werke sprechen.

Zur vollen Würdigung der Arbeitsleistung eines hervorragenden Zeitgenossen gehört auch ein Einblick in seinen geistigen Entwicklungsgang. In seinen Werken spiegeln sich die Zeitumstände wider, unter denen sie entstanden sind, und die frühesten Eindrücke der Kindheit, der Schule, der Lehr- und Wanderjahre klingen noch in ihnen nach.

An seinem 70. Geburtstage wehrte unser Großmeister Adolf von Baeyer die ihm dargebrachten Lobsprüche mit den Worten ab: „Mein Hauptverdienst, glaube ich, liegt darin, daß ich zur richtigen Zeit geboren worden bin". „Wenn ich so zahlreiche Schüler gehabt habe und gute Erfolge im wissenschaftlichen Leben, so glaube ich, rührt das hauptsächlich davon her, weil ich gerade zur rechten Zeit in die Wissenschaft eingetreten bin." Dann wies Baeyer auf die unerhört glänzende Entwicklungsperiode der organischen Chemie in der zweiten Hälfte des vorigen Jahrhunderts und auf seinen großen Lehrmeister August Kekulé, den Führer jener mächtigen Bewegung hin. — Wir ergänzen Baeyers Ausspruch dahin, daß er wohl zur rechten Zeit auch der rechte Mann am rechten Ort gewesen ist. Denn in dem Dreiklang: „der rechte Mann zur rechten Zeit, am rechten Ort" liegt ja das Geheimnis jeder menschlichen Erfolge! So auch bei Ihnen, Herr Geheimrat.

Zunächst Zeit und Ort Ihrer Geburt. Am 18. März 1843 erblickten Sie hier in Darmstadt das Licht der Welt. Das war Ihr erster, alles Spätere entscheidender Schritt. Denn Sie traten damit sofort in die große Reihe der Chemiker ein, die aus dieser „Chemikerstadt" nach dem Vorgange von Justus Liebig hervorgegangen sind. Denken wir nur an August Kekulé,

Adolf Strecker, Jakob Volhard, Carl Schorlemmer, an die Chemikerfamilie Merck und an so viele andere Darmstädter Chemiker. Und hier sei es mir nun gestattet, einen launigen Ausspruch von Kekulé zu wiederholen. Bei seiner ersten Begegnung mit Carl Schorlemmer (in Manchester 1861) erkannte er seinen Landsmann am heimischen Dialekt und rief: „Sie sind ja aus Darmstadt! Da kommen alle guten Chemiker her. Ich bin auch aus Darmstadt." Damit verehrter Herr Geheimrat, war auch Ihr Horoskop gestellt. Auch Sie waren „aus Darmstadt" und mußten daher ein guter Chemiker werden. Es blieb Ihnen keine andere Wahl übrig.

Nun zu Ihrem Geburtsjahr 1843. Zu jener Zeit stand die chemische Forschung auf dem von Justus Liebig erschlossenen Gebiete der organischen Chemie bereits in voller Blüte; der Liebigsche Experimentalunterricht, der Zauber seiner Persönlichkeit und seiner Worte, die täglich sich mehrenden Entdeckungen und ihre Tragweite auf die Erkenntnis der Lebensvorgänge in der Pflanze und in dem Tiere, die neuen praktischen Anwendungen der Chemie — alles dies machte das Gießener Laboratorium, das einzige seiner Art, zum damaligen Mittelpunkt der chemischen Bewegung, die zunächst ihre hessische Heimat ergriff und dann aus immer weiterer Ferne und auch aus anderen Berufskreisen begeisterte Jünger der neuen Lehre in ihre Kreise zog. So hatte sich auch bereits der Neuphilologe August Wilhelm Hofmann, wie später der Architekt August Kekulé, durch Liebigs persönlichen Einfluß zur Chemie bekehrt. In Ihrem Geburtsjahr 1843 hatte nun August Wilhelm Hofmann im Liebigschen Laboratorium die Reihe seiner klassischen Untersuchungen über das Anilin und dessen Derivate mit dem Nachweis der Identität des Anilins und Kristallins aus Indigo, mit dem Benzidam aus Nitrobenzol, mit dem Rungeschen Kyanol aus Steinkohlenteer begonnen. Der Titel jener grundlegenden Arbeit lautete: „Chemische Untersuchungen der organischen Basen im Steinkohlenteeröl." Damit war der erste Fundamentstein zum späteren Aufbau der Chemie des Steinkohlenteers und seiner Derivate gelegt, zu dem auch Sie später Werkstein auf Werkstein herbeitragen und in richtiger Stelle einfügen follten. Auch dies war Ihnen vorherbeftimmt, weil Sie eben als guter Chemiker zur rechten Stunde in die Welt getreten waren.

Während nun in den folgenden Jahren Hofmann feine grundlegenden Arbeiten fortfeßte, das Vorkommen des Benzols im Steinkohlenteer 1845 feftftellte, die Chlor- und Bromaniline, das fefte Toluidin, das heutige m-Nitranilin, die alkalifchen Aniline entdeckte und eine faft zahllofe Menge anderer Derivate, größtenteils nach feiner Überfiedelung in das Londoner Royal College of Chemiftry 1845, kennen lehrte und damit den Boden für eine herannahende Induftrie der Steinkohlenteerderivate fchuf, befuchte unfer junger Wilhelm Staedel noch von feinem 6. bis 11. Lebensjahre eine Darmftädter Privatfchule und vom Herbft 1854 bis Herbft 1856 das Gymnafium in Darmftadt. Dann folgte ein einjähriger Aufenthalt in der Handelsfchule von Eifenbach in Darmftadt und vom Herbft 1857 bis zum Herbft 1860 der Befuch der höheren Gewerbefchule in Darmftadt. Mit der dortigen Maturitätsprüfung hatte die Schulzeit des kaum Siebzehneinhalbjährigen ihren Abfchluß erreicht; erfolgreicher als dies von Juftus Liebig einft berichtet werden konnte. Seinem großen Vorgänger folgte er aber darin, daß er dann wie diefer eine kurze Lehrzeit in einer Apotheke durchmachte. Von Liebigs Apothekerlaufbahn in Heppenheim hat uns Volhard erzählt, daß eines Tages durch eine Knallfilberexplofion in der Dachkammer, die den Lehrling beherbergte, ein Stück des Daches in die Luft und damit der Lehrling aus der Apotheke geflogen fei. Wir können ficherlich wohl annehmen, daß unfer Apothekerlehrling die Apotheke in Pfeddersheim, wenn auch fchon nach einer nur vierteljährigen Lehrzeit, fo doch in einem minder befchleunigten Tempo verlaffen hat!

Inzwifchen war eine neue Zeit für Wiffenfchaft und Technik angebrochen, die neue Aufgaben ftellte und neue Kräfte auf den Kampfplatz rief. In den Ofterferien 1856 hatte William Henry Perkin, der 17jährige Affiftent von Auguft Wilhelm Hofmann in London, den erften Anilinfarbftoff entdeckt und bald darauf mit dem kühnen Wagemut der Jugend und dem prophetischen Blick des Genies die Industrie der Teerfarbstoffe in das Leben gerufen. Sein erstes Patent datierte vom 26. August 1856. In diesem Jahre feiern wir das 50jährige Jubiläum dieser alles Frühere umgestaltenden Industrie. Was vordem der Wissenschaft angehörte, war jetzt mit blendender Helle in das praktische Leben eingetreten, das Vorurteil war gebrochen, daß der Natur die Alleinherrschaft in der Farbenwelt gebühre, die seltensten Präparate der wissenschaftlichen Laboratorien, allen voran die Hofmannschen Basen: das kostbare Anilin, seine Homologen und Substitutionsprodukte, dann das Phenol, das Naphtylamin, sie erhielten plötzlich eine nie geahnte industrielle Bedeutung, die Methoden der wissenschaftlichen Forschung: die Nitrierung, die Amidierung, das Diazolieren, das Alkylieren und Acetylieren, sie drangen in die Fabriken ein; die Theorie war lebendig geworden, an die Stelle des Wortes war die Tat getreten. Der Erfolg der ersten künstlichen Farbstoffe hatte alles dies bewirkt. Unter dem ersten Sonnenstrahl der vollendeten Tatsache waren die Pforten für den Einzug einer neuen Zeit weit aufgesprungen. Im Anfang war die Tat. — So erhielt auch die Forschung auf dem Gebiete der Steinkohlenteerderivate einen ungeahnten mächtigen Impuls. Benzol, Toluol, Xylol, Naphthalin und Karbolsäure waren zu Ausgangsmaterialien, ihre nächsten Abkömmlinge zu Zwischenprodukten der neuen Farbstoffindustrie geworden, und die Wissenschaft zögerte nicht, von den ihr in unbegrenzter Menge dargebotenen Schätzen Besitz zu ergreifen und die reiche Aussaat durch reiche Ernten für die Praxis und den ferneren wissenschaftlichen Fortschritt zu lohnen. Auf diesem üppig sprießenden Boden der aromatischen Verbindungen entstand um 1865 die Kekulésche Benzoltheorie. Sie warf Licht in das Chaos der ihrer Deutung harrenden Tatsachen, schuf Ordnung in dem verwirrten Durcheinander der vorhandenen Beobachtungen und wies die Wege zur experimentellen Prüfung ihrer Grundlagen und theoretischen Konsequenzen. Die Zeit der Stellungs- und Strukturchemie begann. Und in diese Zeit fiel auch die erste fruchtbringende Tätigkeit unseres Jubilars. Kehren wir zu ihm zurück! —

Nach Ihrer kurzen Apothekerlaufbahn hatten Sie, verehrtester Herr Geheimrat, zu Ostern 1861 die Universität Heidelberg bezogen. Auch hier waren Sie zur rechten Zeit an den rechten Ort gelangt. Die alte ehrwürdige Ruperto Carola war in ihre höchste Glanzzeit eingetreten, dort strahlte das Dreigestirn: Bunsen, Kirchhoff und Helmholtz. Bunsen und Kirchhoff hatten kurz vorher ihre „Chemische Analyse durch Spektralbeobachtungen" veröffentlicht und als erste Frucht der neuen Spektralanalyse waren bereits zwei neue Elemente: Rubidium und Caesium von ihnen aufgefunden worden. Wie mußte in dieser geistigen Atmosphäre in jungen, empfänglichen Gemütern die hingebende Liebe zur Wissenschaft und die Ehrfurcht vor ihren großen Meistern tiefe Wurzeln schlagen! Auf zwei Semester anorganischen und analytischen Studiums in Heidelberg und drei fernere Semester im Freseniusschen Laboratorium zu Wiesbaden folgte dann Ihre Übersiedlung nach Tübingen im Herbst 1863. Dort wirkte und lehrte seit 1860 Ihr großer Darmstädter Landsmann Adolf Strecker und von allen Seiten strömten ihm Schüler zu. Nach zwei Semestern organischen Studiums erwarben Sie sich dort den Doktorgrad in der naturwissenschaftlichen Fakultät im Herbst 1864. Mit Ihnen ging Ihr Freund Carl Glaser in das Examen, der unter Strecker seine in Erlangen begonnene Untersuchung „Über die Verbindungen des Naphthalins mit Brom" zum Abschluß gebracht und in seiner Inauguraldissertation veröffentlicht hatte. Jetzt trat an Sie mit 21 Jahren die ernste Frage der Berufswahl heran. Sie entschieden sich für den Ihnen ja schon von der Wiege an bestimmten akademischen Beruf.

Ihre erste Stellung war die eines Assistenten an der damaligen Polytechnischen Schule in Darmstadt, aber schon nach zwei Semestern kehrten Sie im Herbst 1865 — dem Geburtsjahr der Kekuléschen Benzoltheorie — in die Ihnen liebgewordene schwäbische Musenstadt als Assistent von Adolf Strecker zurück, um dort Ihre zweite Heimat zu finden und während einer mehr als 15 jährigen Berufszeit die akademischen Staffeln vom Assiſtenten zum Privatdozenten und außerordentlichen Profeſſor zu erklimmen. 1869 habilitierten Sie ſich als Privatdozent mit der Habilitationsſchrift „Über die Subſtitutionsprodukte der Haloidäther des Äthyls."

Am 1. März 1881 folgten Sie dem an Sie ergangenen Rufe zur Übernahme des chemiſchen Ordinariats an der Techniſchen Hochſchule zu Darmſtadt. Während Ihrer Tübinger Zeit war Adolf Strecker 1870 als Nachfolger von Scherer nach Würzburg berufen worden. Ihm folgte von 1870 bis 1876 Rudolf Fittig und nach deſſen Abberufung nach Straßburg der unvergleichliche Lothar Meyer. So ſind Sie im geiſtigen Verkehr und reger Mitarbeit mit dieſen Meiſtern deutſcher chemiſcher Forſchung ſelbſt als Meiſter der Tübinger Schule hervorgegangen und vor 25 Jahren in Ihre alte treue Heimat auf einmal wiederheimgekehrt. — Sei es mir nun geſtattet, einen flüchtigen Blick auf Ihre wiſſenſchaftlichen Arbeiten in Tübingen und Darmſtadt zu werfen. Eine eingehende Betrachtung dieſer zahlreichen und über einen mehr als 40 jährigen Zeitraum ſich erſtreckenden Arbeiten würde bei weitem den Rahmen unſerer heutigen Feier überſchreiten. — Möge Sie einer berufeneren Kraft und Ihrem goldenen Doktorjubiläum vorbehalten bleiben! Das Leben eines Gelehrten gleitet dahin wie ein heller, klarer Bach, geſchützt vor Sturm und jähem Sturz. Man kann die Steine auf ſeinem Grunde ſehen. Die Sonnenſtrahlen leuchten hinein. Und doch iſt alles, Welle auf Welle, in raſtloſer Bewegung und ſein Arbeitswerk trägt der Bach dem Strome, der Strom dem ewigen Weltmeere zu. So erſcheint nun auch Ihr Lebenslauf, verehrter Herr Geheimrat, wenn wir die Fülle Ihrer aufeinanderfolgenden Mitteilungen und Abhandlungen in der chemiſchen Literatur, in der Zeitſchrift für Chemie, in Liebigs Annalen, in den Berichten der Deutſchen Chemiſchen Geſellſchaft an uns vorüberziehen laſſen. Durchleuchtet von wiſſenſchaftlichem Geiſte gewähren ſie uns einen klaren Einblick in die Aufgaben, die Sie gelöſt, in die Schwierigkeiten, die Sie in raſtloſer, geduldiger Arbeit bewältigt haben, und auch Ihr Lebenswerk eilt, vereinigt mit dem Ihrer Zeitgenoſſen, im Strome unſerer Zeit dem ufer-

losen Meere unserer menschlichen Erkenntnis zu. — Und wie —
um im Bilde zu bleiben — zwischen dem oberen Lauf eines
noch jugendlichen und zwischen engen Ufern durcheilenden
Baches, unfern seiner Quelle, und seiner späteren, breiten und
ruhigen Strömung ein Unterschied bemerkbar ist, so zeigt sich
ein solcher auch zwischen Ihren Tübinger und Darmstädter
Arbeitsperioden. In ersterer von 1868—1880 bevorzugen Sie
noch die schlanken und flüchtigen Fettkörper der Äthyl-Äthylen-
und Äthylidenreihen, und erst mit den Anfängen Ihrer Untersuchungen über das Benzophenon von 1872—1878 werden Sie
dieser Jugendliebe zeitweilig untreu, in der späteren Arbeitsperiode von 1880—1894 wenden Sie sich aber ganz den schweren
aromatischen Molekülen und der Ergründung ihrer behäbigeren
Konstitution zu.

Aromatische Basen, Azoverbindungen, Phenoläther und die
Derivate des Diphenylmethans und Benzophenons bilden fortan
Ihr vornehmlichstes Arbeitsfeld. Dieses Feld gehört aber zugleich der Farbstofftechnik an. Es ist das Gebiet ihrer wichtigsten
Zwischenprodukte. So werden Sie dann zugleich ein Förderer
der Wissenschaft und Technik und auf beiden Gebieten schuldet
man Ihnen Dank. Ihre erste mir zugänglich gewordene Arbeit
„Über die Sulfoäthylidensäuren" datiert vom März 1868
und bewegt sich noch ganz auf dem Arbeitsgebiete Ihres Lehrers
und Meisters Adolf Strecker. Nach der von Strecker kurz vorher
entdeckten Bildungsweise von Sulfosäuren durch Umsetzung der
betreffenden Chlor-, Brom- oder Jodverbindungen mit schweflig-
sauren Alkalien erhalten Sie aus Äthylidenchlorid neben einer
neuen Disulfoäthylidensäure auch eine von der Isäthionsäure
durchaus verschiedene Monosulfoäthylidenoxysäure, wodurch die
Vermutung, daß die Isäthionsäure vom Äthyliden und nicht
vom Äthylen abstamme, endgültig widerlegt wird.

Noch in demselben Jahre 1868 treten Sie in eine größere
Arbeit „Über die Halogensubstitutionsprodukte des Äthans" ein,
deren erste Ergebnisse Sie bereits 1869 in Ihrer vorerwähnten
Habilitationsschrift niederlegen, und dann nach ihrem Abschluß
im Herbst 1878, zugleich mit den auf Ihre Veranlassung unter-

nommenen Verſuchen Ihres Schülers Denzel in Liebigs Annalen zuſammenfaſſend veröffentlichen.

In dem Gedankengange dieſer wichtigen und mühevollen Arbeiten macht ſich der Einfluß der auf dem aromatiſchen Gebiete infolge der Kekuléſchen Benzoltheorie erſtandenen Stellungschemie bemerkbar. Sie ſuchen feſtzuſtellen, ob und unter welchen Bedingungen die Einführung eines Halogenatoms anſtelle von Waſſerſtoff in den Subſtitutionsprodukten des Äthans auch mehrere iſomere Verbindungen gleichzeitig entſtehen. Der experimentelle Teil geſtaltet ſich in Ihren Händen zu einer umfaſſenden Reviſion der älteren Regnaultſchen Verſuche. Wie Regnault unterſuchen Sie zunächſt die Einwirkung von Chlor auf Äthylchlorid und ſtellen feſt, daß ſich, im Gegenſatz zu anderweitigen Angaben, in der erſten Phaſe der Chlorierung kein Äthylenchlorid bildet. In ähnlicher Weiſe wird die Einwirkung von Chlor auf Äthylidenchlorid und Äthylenchlorid auf Äthyliden-Äthylen-Dichloräthyl- mit Monochloräthylenchlorid unterſucht, und in weiterem Verfolg der Arbeit die Bildung und Natur der Chlorbrom und Bromſubſtitutionsprodukte des Äthans und Äthylens völlig aufgeklärt. Für die zahlreichen Deſtillationen und Siedepunktsbeſtimmungen wird ein ſinnreicher Apparat konſtruiert, mit dem man den Druck konſtant erhalten oder, ohne Unterbrechung der Arbeit, beliebig nach oben oder unten variieren kann. Hierbei ergibt ſich denn eine Reihe bemerkenswerter Siedepunktsregelmäßigkeiten. Das Geſamtreſultat dieſer mit hervorragender Beherrſchung der experimentellen Methoden und mit größter Ausdauer durchgeführten Arbeiten iſt unſere gegenwärtige ſichere Kenntnis der Halogenſubſtitutionsprodukte des Äthans und Äthylens.

Das aromatiſche Gebiet hatten Sie, wie bereits erwähnt, ſchon 1872 in Tübingen mit Unterſuchungen über das nach ſo vielen Richtungen hin zu einer näheren Bekanntſchaft einladende Benzophenon betreten. Hier bewegen ſich Ihre Forſchungen nun völlig auf dem Boden der zu jener Zeit im Vordergrund des chemiſchen Intereſſes ſtehenden Struktur und Stellungschemie. Die Ergründung der Konſtitution, der Iſomerieverhältnisse ist Ihr vornehmstes Ziel. Doch bleiben in Ihren Händen die zahlreichen, neu dargestellten Körper keine lediglich theoretischen Objekte, notdürftig charakterisiert durch Schmelz- und Siedepunkt; was Sie beschreiben, gewinnt chemisches Leben und Existenz, verwertbar für den Gebrauch der Wissenschaft und Praxis. Auch die Methoden, deren Sie sich mit bewundernswertem Geschick zur Konstitutionsbestimmung bedienen, und die Sie in jedem neuen Falle auf neue Weise dem gewollten Zwecke mit sicherem chemischen Gefühle anzupassen verstehen, diese Methoden des planmäßigen Aufbaus und Abbaus, der Umwandlung von Körpern unbekannter in solche von bereits bekannter Struktur, auch diese im Kleinen wie im Großen täglich verwendbaren Methoden — das Handwerkszeug der Chemiker — haben Sie während Ihrer gesamten Forschungstätigkeit auf dem aromatischen Gebiete in dankenswertester Weise ausgebildet und verschärft. Und dabei hatten Sie als Hochschullehrer unabläſſig ihren didaktischen Zweck in das Auge gefaßt. Zu vielen Ihrer Arbeiten zogen Sie auch Ihre Schüler heran. Wie an der Hand eines erfahrenen Alpenführers lernten die jungen Chemiker ihre Kräfte und Sinne brauchen, bis sie zu immer steileren Höhen sicher aufwärts steigend, jeder Aufgabe sich gewachsen fühlen konnten. Dazu war aber gerade Ihre Forschungsrichtung besonders geeignet, in der weniger das theoretische Wissen als das praktische Können von ausschlaggebender Bedeutung war. Das braucht vor allem die Technik. Aus Ihren Händen empfing sie daher einen tüchtigen Nachwuchs.

Doch gehen wir jetzt eilenden Fußes an Ihren Arbeiten vorüber.

Die in Tübingen von 1872—1878 begonnenen und in Darmstadt von 1880—1883 und von 1890—1894 fortgesetzten Untersuchungen über „Ketone der aromatischen Reihe" finden sich während dieser drei Arbeitsperioden in einer Reihe einzelner Mitteilungen in den „Berichten" und am Schlusse einer jeden Periode in großen zusammenfassenden Abhandlungen in Liebigs Annalen niedergelegt. Den Anfang Ihrer Arbeiten bildete die

Darſtellung einer Benzophenondiſulfoſäure, die Ihnen ein Dioxydiphenylmethan in der Kaliſchmelze lieferte und daraus durch Oxydation das erſte Dioxybenzophenon. Noch in ſeinem Entdeckungsjahr 1878 erhielt dieſer Körper eine weitertragende, theoretiſche und praktiſche Bedeutung. Der Vergleich eines von Ihnen erhaltenen Präparats mit einem aus Aurin und aus Roſanilin ſchon früher beim Erhitzen mit Waſſer im Druckrohr erhaltenen Körpers beſtätigte die Vermutung der Technik, daß hier keine Waſſeraufnahme, ſondern ein Zerfall, ein Abbau der Triphenylmethanmoleküle zum Diphenylmethanmolekül ſtattgefunden hatte. Der Körper erwies ſich als Ihr Dioxybenzophenon. Phenol war abgeſpalten worden. In der Kaliſchmelze fand der weitere Abbau ſtatt zu Paraoxybenzoeſäure und Phenol und ſchließlich zu Phenol und Kohlenſäure. Nun mußte man auch umgekehrt von Phenol und Kohlenſäure durch die Zwiſchenetappen der Karbonſäure und des Ketons wieder zum Farbſtoff aufſteigen können. Der Verſuch glückt. Aus Ihrem Dioxybenzophenon entſteht nach deſſen Überführung in das reaktionsfähigere Chlorid durch Phosphorchlorid beim Erhitzen mit Phenol von neuem das Aurin. Nach ferneren 6 Jahren führte derſelbe Verſuch in ſeiner analogen Anwendung auf das Tetramethyldiamidophenon und tertiäre Baſen zu der großen Gruppe der ſchönen ſynthetiſchen und techniſch wertvollen Phosgenfarbſtoffe, zunächſt zur Syntheſe des Kriſtallvioletts. Mit Ammoniak entſtand das Auramin. So können in jedem für rein wiſſenſchaftliche Zwecke dargeſtellten Präparat früher oder ſpäter die ſchlummernden Keime induſtrieller Bedeutung zum Leben erwachen. Aus dem Benzophenon lehrten Sie ferner durch Erhitzen mit Zinkſtaub das Diphenylmethan und daran durch Nitrieren und Amidieren iſomere Dinitro- und Diamidodiphenylmethane und weiterhin die entſprechenden Dioxyderivate darzuſtellen. In analoger Weiſe gelangten Sie, vom Benzophenon ausgehend, zu iſomeren Dinitro-diamido- und dioxybenzophenonen, und auch durch Oxydation der Nitro- und Dioxydiphenylmethane ließ ſich der Übergang zu den entſprechenden Benzophenonderivaten bewirken. So nahmen Sie das Benzophenongebiet von allen denkbaren Seiten in planvollen Angriff, und nach Überwindung der mit der Reindarstellung und sicheren Charakterisierung der Isomeren verbundenen großen experimentellen Schwierigkeiten konnten Sie 1894 bei dem Abschluß Ihrer Arbeiten die **Konstitution der isomeren symetrischen Biderivate der Diphenylmethane und Benzophenone** endgültig feststellen und in einer tabellarischen Übersicht die 6 Isomerenreihen α bis ξ zum klaren Ausdruck bringen.

Inzwischen hatten Ihre Untersuchungen über **Aromatische Basen** in den Jahren 1883—1886 der Wissenschaft und Technik kaum minder schätzbare Aufschlüsse zugeführt. Ausgehend von den noch nicht oder nur unvollkommen bekannten Brom- und Jodhydraten der Toluidine, der Xylidine, der m-Chlor-Brom und Nitraniline, des m-Phenoxidins, gelangen Sie zunächst zu einer eleganten und auch technisch ausführbaren Methode der **Methylierung und Äthylierung des Anilins und Toluidins** durch Erhitzen der betreffenden Brom- oder Jodhydrate mit der berechneten Menge Methyl oder Äthylalkohol auf nur 145 bis 150° bzw. 125°. In analoger Weise lassen sich dann auch die andern vorerwähnten Basen alkylieren. Bei der Wichtigkeit aller dieser Körper als Zwischenprodukte der Farbenindustrie enthalten die präzisen Mitteilungen über Darstellung und Eigenschaften der so erhaltenen sekundären, tertiären und quaternären Basen auch für die Technik Neues und Wertvolles. Aber auch die interessante **Entmethylierung tertiärer aromatischer Amine** durch Erhitzen derselben mit Acetylbromid auf 70° lernen wir durch Sie im Jahre 1886 kennen. Zuvor hatten Sie schon 1885 unsere Kenntnis des käuflichen Xylidins durch Ihre Untersuchung der daraus darstellbaren Bromhydrate von Amidoxylol und Amido-p-xylol wesentlich erweitert. In einer Arbeit über Azoverbindungen teilen Sie uns 1886 gute Methoden zur Darstellung von **Diazoamidobenzol und Amidoazobenzol** mit und beschreiben einige neue Azofarbstoffe und deren Spaltungsprodukte. Eine noch umfangreichere und schwierigere Arbeit unternahmen Sie in den Jahren 1878 bis 1881 mit Ihren Unterfuchungen über die Subftitutionsprodukte der Phenoläther, deren Ergebniffe Sie in einer Reihe von Mitteilungen in den „Berichten" und fchließlich 1883 in zufammenfaffenden Annalenabhandlungen veröffentlichten. Schon 1867 hatte Heinrich Brunck eine in Kekulés Laboratorium in Gent über Abkömmlinge der beiden damals bekannten ifomeren o- und p-Nitrophenole in Tübingen beendet. Er führte die Nitrophenole in ihre entfprechenden Methyläther über und verglich diefe mit den durch direkte Nitrierung der Anifole erhaltenen Nitroprodukte. Aus den ifomeren Nitroanifolen ftellte er das entfprechende o- und p-Anifodin dar und befchrieb außerdem die beiden Reihen der gebromten Nitrophenole. Diefe für die Stellungschemie wichtigen Arbeiten wurden nun von Ihnen in weitem Umfange aufgenommen und zu einer erfchöpfenden Unterfuchung des Phenoläthergebietes ausgeftaltet. Ihre Arbeit gliederte fich in die Darftellung neuer Phenoläther aus den Krefolen und Naphtolen, in die Nitrierung des o, m- und p-Krefols, in die Darftellung und Unterfuchung der Bromnitro- und Bromamido Anifole und Phenole, in eingehende Studien über die Nitrierung von Phenoläthern, über Nitrophenole und Nitrokrefole und über Amidokrefoläthyläther. In einer damit im Zufammenhang ftehenden 1890 in den Annalen gemeinfam mit Ihrem langjährigen Mitarbeiter Profeffor Kolb veröffentlichten Arbeit über Nitro-m-Krefole wird, ausgehend von reinem, aus Thymol dargeftellten m-Krefol, deffen Nitrierung, die Trennung und Konftitutionsermittelung der beiden hier auftretenden Ifomeren, deren Überführung in die entfprechenden Äthyläther und fchließlicher Abbau zu o- und p-Nitrothymol eingehend unterfucht und befchrieben. Auch in diefen hier kaum dem Namen nach erwähnten Arbeiten zeigt fich wiederum die bewundernswerte Kunft des Pfadfinders und die alle Ihre Unterfuchungen charakterifierende Sicherheit in der Beobachtung, Gründlichkeit in der Durcharbeitung und fouveräne Beherrfchung der Methoden. Für die Wiffenfchaft und die Technik werden fie noch auf lange Zeit hinaus eine reiche Fundgrube der Belehrung fein. Und was ihren Wert — namentlich in didaktifcher Beziehung für den angehenden Techniker — erhöht, find die faft überall angegebenen quantitativen Ausbeutebeftimmungen. Die Frage „how much?" ift die erfte Frage der chemifchen Induftrie.

Auf Ihren Forfchungswanderungen haben Sie auch gelegentlich, rechts und links am Wege, hier einen feltenen Stein, dort eine fchöne Blüte eingefammelt und heimgebracht. Aus diefen Einzelfunden fei hier des Ifoindols mit feinem wunderbaren Phoaproismus gedacht, das Sie bei Ihrer Unterfuchung der Einwirkung von Ammoniak auf Chloracetophenon — und beffer noch auf Bromacetophenon — fchon 1876 aufgefunden hatten. Nur in flüchtigen Umriffen und unvollftändig haben wir jetzt überblickt, was Sie, verehrter Herr Geheimrat, in Ihrem arbeitsreichen Leben gelehrt haben. Wie Sie aber lehrten, das haben Sie uns felbft gefagt:

Auf der Düffeldorfer Hauptverfammlung Deutfcher Chemiker 1902 befuchten wir Ihren denkwürdigen Vortrag „Über den theoretifchen Anfangsunterricht der Chemiker". Dort fagten Sie:

„In keiner anderen Wiffenfchaft ift wohl die Kunft des Experimentierens fo unbedingte Vorausfetzung für das Eindringen in das Wefen der Sache wie in der Chemie. Die Kunft fetzt das Können, die Wiffenfchaft das Wiffen voraus, und die Chemie ift nicht nur eine Wiffenfchaft, fie ift auch eine Kunft. Das follte beim Unterricht nie aus dem Auge verloren werden."

Und Ihre weiteren Ausführungen faßten Sie in den Worten zufammen: „Die erfte Aufgabe des theoretifchen Anfangsunterrichts fcheint mir zu fein, dem Jünger der Wiffenfchaft das chemifche Denken zu lehren, fein chemifches Gefühl zu ftärken und zu klären und weiter ihn durch ausgiebige Verwertung der Refultate phyfikalifch-chemifcher Forfchung davor zu bewahren, daß ihn fein chemifches Gefühl nicht in die Irre führe, daß er hierdurch vorbereitet werde im weiteren Verlaufe des Studiums in die Tiefen der Wiffenfchaft nach allen Seiten einzudringen."

Diese Worte erschließen uns das Verständnis Ihrer Arbeiten und des Erfolges Ihrer Lehrmethode.

Wir finden es begreiflich, daß Ihnen jahraus, jahrein Schüler in immer größerer Anzahl zuströmten, bis die alten Laboratorien und Hörsäle zu eng wurden und vor 10 Jahren der Prachtbau des neuen Chemischen Institutes seine Pforten öffnen mußte. Mit kaum 20 Schülern begannen Sie hier Ihre Lehrtätigkeit, heute hat sich die Zahl Ihrer Hörer mehr als verzehnfacht. Aber einen und den wesentlichsten Bestandteil Ihres Lehrerfolges ließen Sie doch unerwähnt: die Anziehungskraft Ihrer eigenen liebenswürdigen Persönlichkeit, Ihr Wort, das vom Herzen strömt und ein unsichtbares Band zwischen Lehrer und Schüler webt. Das weckt und stärkt in dem empfänglichen Sinne der Jugend nicht nur das chemische Gefühl, sondern noch Höheres: das rein menschliche Gefühl, und das ist der Boden, auf dem jede gute Aussaat gedeiht.

Ich bin am Schluß: Ich blicke auf unseren lieben Jubilar und in mir erklingt mein Goethe'scher Lieblingsspruch:

Wer das Rechte kann, der soll es wollen,
Wer das Rechte will, der sollt es können
Und ein jeder kann's, der sich bescheidet,
Schöpfer seines Glücks zu sein im Kleinen.

Sie, hochverehrter Herr Geheimrat, haben das Rechte gekonnt und haben es stets gewollt, Sie haben das Rechte gewollt, und haben es stets gekonnt. Sie strebten nicht hinaus in das Grenzenlose und in den wilden Kampf des Lebens, sondern Sie suchten und schufen sich Ihr Glück im engen Kreise Ihrer Familie, Ihrer Freunde, Ihrer Schüler und Mitarbeiter, verehrt, geliebt von allen. Der Himmel erhalte Ihnen dieses selbsterworbene Glück noch auf lange, lange Jahre hinaus!

Am 26. und 27. Juli 1906 wurde in London in der Royal Society zu Ehren von W. H. Perkin das Fest des 50jährigen Jubiläums der Teerfarbenindustrie (1856—1906) gefeiert.

I.
Aufruf zur Perkun-Feier.

Im Frühjahr 1856 entdeckte William Henry Perkin, der 17jährige Assistent von August Wilhelm von Hofmann in London im Verlauf wissenschaftlicher Untersuchungen den ersten, zu industrieller Bedeutung gelangten Farbstoff. Die auf diese epochemachende Entdeckung von Perkin gegründete Teerfarbenindustrie, deren erstes Patent vom 26. August 1856 datiert, hat in den fünf Jahrzehnten ihres Bestehens für chemische Wissenschaft und Industrie, für Unterrichtswesen und Volkswohlfahrt, für Handel, Gewerbe und Verkehr unablässig neue Bahnen des Fortschritts, neue Gebiete fruchtbringenden Forschens und Schaffens erschlossen.

Von der Chemical Society zu London ist anfangs dieses Jahres die dankenswerte Anregung zu einer internationalen Jubiläumsfeier der Teerfarbenindustrie und zu einer gleichzeitigen Ehrung ihres noch in voller Arbeitskraft unter uns weilenden Gründers ausgegangen. Diese Anregung fand naturgemäß in dem Geburtslande der Industrie ihren ersten patriotisch lebhaften Anklang. Aus den hervorragendsten Vertretern weiter Berufskreise bildete sich ein Organisationskomitee und eine auf dessen Veranlassung und unter dem Vorsitz des Lord Mayor von London im Mansion-House abgehaltene Versammlung beschloß einmütig, zum bleibenden Angedenken an William Henry Perkin das Porträt des großen Erfinders für die National Porträt Gallery und seine Marmorbüste für die Chemical Society ausführen zu lassen. Zu diesem Zweck wurde die Veranstaltung einer internationalen Beitragsſammlung beſchloſſen. Den vorausſichtlichen Überſchuß der Beiträge beſtimmte man für die Stiftung eines von der Chemical Society zu verwaltenden „Perkin Reſearch Found".

Das engliſche Komitee hat ſodann die Bildung von ausländiſchen Zweigkomitees veranlaßt. — Gern ſind die Unterzeichneten der an ſie ergangenen Aufforderung gefolgt und zu einem deutſchen Komitee zuſammengetreten. Gern haben ſie in die ihnen von den engliſchen Fachgenoſſen dargebotene Freundeshand eingeſchlagen und begrüßen mit ihnen, freudig und dankbar, das **fünfzigjährige Jubiläum einer Weltinduſtrie**, die — obgleich zuerſt auf engliſchem Boden, durch das Genie und die wunderbare Tatkraft des jugendlichen Perkin in das Leben gerufen — doch ihren geiſtigen Urſprung in den klaſſiſchen Arbeiten unſeres Auguſt Wilhelm von Hofmann über das Anilin und deſſen Derivate genommen hat und aus deutſcher Lehre und Schule hervorgegangen iſt, eine Induſtrie, die erſt bei uns durch das Zuſammenwirken deutſcher chemiſcher Wiſſenſchaft und Technik zu ihrer vollen Machtentfaltung ſich emporgerungen hat, und in der ſo viele deutſche Chemiker ihren Lebensberuf geſucht und erfolgreich gefunden haben.

Nach uns gemachter Mitteilung ſollen die einzelnen Zweigkomitees zu einem internationalen Hauptkomitee vereinigt werden, dem namentlich die Entſcheidung über die zweckentſprechende Verwendung des vorerwähnten „Perkin Research Found" zur Förderung wiſſenſchaftlicher Forſchung auf dem Farbſtoffgebiete anheimgeſtellt werden ſoll. Als Ort und Zeitpunkt für die Jubiläumsfeier ſind London und — vorbehaltlich endgültiger Feſtſtellung des Feſtprogramms — der 26. und 27. Juli beſtimmt worden, letzteres mit Rückſicht auf die vom 1.—8. Auguſt in York tagende Verſammlung der British Aſſoziation for the Advancement of Science, zu der, wie alljährlich, auch unſere deutſchen Fachgenoſſen gaſtfreundlich eingeladen ſind. Am erſten Jubiläumstage findet vormittags ein Feſtakt in der Royal Inſtitution und abends ein Feſtmahl im Hotel Metropole ſtatt. Am zweiten Tage ſind die Feſtteilnehmer Gäste von Dr. und Mrs. Perkin, nachmittags in deren Wohnsitz zu Sudbury zu einem Gartenfest und abends in London zu einer Soiree in der Leathersellers Hall.

Wir sprechen den Wunsch und die Hoffnung aus, daß auch die deutsche Chemie zu dieser seltenen internationalen Gedenkfeier zahlreiche Vertreter entsenden möge. Eines herzlichgastlichen Empfanges können sie versichert sein.

Das Deutsche Komitee
für die 50jährige Jubiläumsfeier der Teerfarbenindustrie.

H. Caro, Schriftführer.

II.
Anfprache an Sir William Henry Perkin
bei Überreichung der Glückwunfchadreffe des Vereins zur Wahrung der Intereffen der Chem. Induftrie Deutfchlands.

26. Juli 1906.

Dear Sir William!

I have the great joy and honour to be on this festive day the bearer of a congratulatory message to you from your German friends and admirers: from the Society of German Chemical Manufactures, in whose laboratories and workshops Coal Tar is now-a-days transformed into an endless variety of commercial products of widespread utility. They all know your honoured name and remember thankfully that, 50 years ago, British inventive genius and enterprise created a new era of scientific and industrial progress. This glorious era of a formerly unknown union of science and industry was inaugurated by your discovery of the first aniline colour, of which all chemists celebrate to day the golden jubilee and rightly so (Cheers). Then — with your own words, once kindly written to me — „truly, this first colouring matter was a pioneer, and made a colour path for all those that came afterwards." Allow me now to read to you my message: „Zum 50 jährigen Jubiläum der Teerfarbeninduftrie entbietet ihrem unfterblichen Gründer William Henry Perkin der Verein zur Wahrung der Intereffen der Chemifchen Induftrie Deutfchlands in Dankbarkeit und Bewunderung Gruß und Glückwunfch."

Der Vorftand J. F. Holtz.
(verfaßt von H. Caro.)

III.
Antwort von Sir William Perkin.

Dear Doctor Caro, no one knows better than you about the work of the early days of the Coal-Tar Colour industry, and I appreciate very much your being present here to-day — you who have done so much for the enrichment of the industry itsself and for its developement. I have received your adress with very great pleasure, and I beg of you to give my thanks to the Society of German Chemical Manufacturers. At the same time, allow me to say how very thankful I am to see you here once more in this country.

IV.
Zur Geschichte des ersten Anilinfarbstoffes von William Perkin[1])
(übersetzt ins Deutsche von H. Caro).

11. Juli 1906.

... Mein Vater war Baumeister. Schon als Kind fing ich an darüber nachzudenken, was ich wohl später werden möchte, und da ich an allem Interesse nahm, was um mich herum vorging, dachte ich, daß ich wohl in meines Vaters Fußtapfen treten würde, und beschäftigte mich, wo sich nur eine Gelegenheit dazu bot, praktisch mit Zimmermannsarbeiten. Auch erinnere ich mich, daß mich die Anwendungen des Hebels, der Schraube und des Keils, von denen ich gelegentlich praktische Beispiele sah, lebhaft interessierten. Als ich etwas über Dampfmaschinen und dergleichen las, wurde mein Interesse am Maschinenbau erweckt und ich verbrachte viel Zeit mit der Anfertigung von Zeichnungen und Holzmodellen. Auch interessierte ich mich sehr für Malerei und hatte sogar während einer kurzen Zeit die närrische Idee ein Künstler werden zu wollen. Ich glaube, daß die in so früher Jugendzeit erworbenen praktischen Kenntnisse auf mechanischem Gebiete einen bleibenden Einfluß auf mich ausgeübt haben, und niemals verlor ich die Beherzigung ihres Wertes.

Gerade ehe ich 13 Jahre alt wurde, trat das ein, was sich als meine schließliche Berufswahl herausstellen sollte. Ein junger Freund, der einen chemischen Apparatenkasten hatte, machte mir einige Experimente vor, sehr elementarer Art, darunter auch das Kristallisierenlassen von Soda und Alaun, und

---
[1]) Aus einer brieflichen Mitteilung des Verfassers an den Übersetzer vom 26. Mai 1891. Vergl. Berichte XXV (1892) 3, 1023ff.

diese Versuche erschienen mir so wunderbar (und sogar noch heute erscheint mir jede Kristallbildung wunderbar), daß ich einsah, Chemie sei doch etwas bei weitem Höheres als irgend etwas anderes, was mir bis dahin begegnet war, und mein Ehrgeiz erwachte, ein Chemiker zu werden. Ich dachte, wenn ich zu einem Apotheker in die Lehre käme, so würde ich glücklich sein, da ich dann zwischenhinein Experimente machen könnte; aber Umstände traten ein, die zu einem noch besseren Resultate führten. Bis dahin hatte ich eine Privatschule in der Nachbarschaft besucht, nun aber verließ ich sie und kam mit 13 Jahren in die „City of London School" — eine öffentliche Schule —, und sonderbarerweise wurden dort Chemie und Physik in Vorlesungen während der Mittagspausen gelehrt — die einzige Schule im Lande, wo diese Gegenstände gelehrt wurden. Nicht lange war ich dort, als der Lehrer, Mr. Thomas Hall, B. A., mein großes Interesse an den Vorlesungen bemerkte und mich an den Vorbereitungen für seine Vorlesungsversuche teilnehmen ließ. Das brachte mich wunderbar in die Höhe — oft bin ich ohne mein Mittagessen weggegangen, um Zeit für meine Arbeit in dem schrecklichen Raume zu finden, den man in jener Schule „Das Laboratorium" nannte.

Mr. Hall hatte einige Vorlesungen von Dr. Hofmann gehört und bei ihm während einer kurzen Zeit „im Royal College of Chemistry" in der Oxford-Street gearbeitet. Als ich 15 Jahre alt war, hatte er mehrfache Unterredungen mit meinem Vater und das Ende davon war, daß ich zu Dr. Hofmann ging, um unter seiner Leitung Chemie zu studieren. Ich fürchtete, daß mein Vater, obwohl er nichts sagte, darüber damals verstimmt war, denn ich weiß, daß ich seinem Wunsch zufolge Architekt werden sollte. Bald hatte ich meinen Kursus in qualitativer und quantitativer Analyse absolviert und kam zu Forschungsarbeiten. Das erste Thema, das Dr. Hofmann für mich wählte, war seltsamerweise Anthracen. Das Rohmaterial war von Mr. Cliff (dem manager von Bethel Tarworks) erhalten worden. Zum Unglück hatte Laurent diesem Kohlenwasserstoff eine unrichtige Formel ($C_{15}H_{12}$) zuerteilt, und obgleich ich Anthrachinon (Laurents Anthracenuſe) und anderweitige Derivate dargeſtellt und analyſiert hatte, wollten die Zahlen nicht auf irgendwelche Abkömmlinge von $C_{15}H_{12}$ ſtimmen. Demungeachtet ſind die dabei geſammelten Erfahrungen und die erhaltenen Materialien und Derivate mir ſämtlich von Nutzen geworden, als ich viele Jahre ſpäter über Alizarin zu arbeiten anfing. Dr. Hofmann gab mir darauf als Thema die Einwirkung von Chlorcyan auf Naphthylamin und, nachdem ich Naphthalin gereinigt, Nitronaphthalin und dann Naphthylamin dargeſtellt hatte — Operationen, die man noch in jenen Tagen ſelbſt ausführen mußte —, war der übrige Teil der Unterſuchung bald beendigt, obgleich er erſt einige Zeit ſpäter veröffentlicht wurde. Ich war nun ungefähr 17 Jahre alt und wurde Aſſiſtent in Dr. Hofmanns Unterſuchungslaboratorium. Ehe ich fortfahre, muß ich hier ausſprechen, wie ſehr ich mich Dr. Hofmann zu Dank verpflichtet fühle für ſeine glänzende Lehrweiſe, ſeinen ſo anregenden Enthuſiasmus für wiſſenſchaftliche Forſchung und für das Intereſſe, das er an mir während meiner Studienzeit genommen hat.

Ich komme nun zu der mit der „Mauve" zuſammenhängenden Periode. — Als Hofmann'ſcher Aſſiſtent war ich tagsüber mit ſeinen Unterſuchungen beſchäftigt, die damals hauptſächlich die Phosphorbaſen zum Gegenſtand hatten. Ich führte daher meine eigenen Arbeiten des Abends und zu anderen freien Zeiten zu Hauſe in einem notdürftig eingerichteten Laboratorium aus und dort war es, wo ich in den Oſterferien 1856, als ich gerade 18 Jahre geworden war, die „Mauve" entdeckte. Bekanntlich führte mich dazu ein Verſuch, das Chinin künſtlich aus Allyltoluidin zu erzeugen, und das veranlaßte mich darauf, die Oxydation des Anilins zu ſtudieren. Als ich nun bei meinen Verſuchen mit dem ſo erhaltenen Farbſtoff fand, daß er ein ſehr beſtändiger Körper war, der auf Seide ein ſchönes, äußerſt lichtbeſtändiges Violett färbte — in dieſer Beziehung ſehr verſchieden von der damals zum Seidenfärben gebrauchten Orſeille—, ſo ſchien es mir, daß er ein nützlicher Farbſtoff ſein würde, wenn er ſich im Großen herſtellen ließe. Aber ſein vorausſichtlicher Herstellungspreis ließ dies nahezu hoffnungslos erscheinen und solches würde auch der Fall gewesen sein, hätte er nicht eine so auffallend intensive Färbekraft besessen. Ich setzte meine Versuche ruhig fort, suchte die Formel des Farbstoffs zu bestimmen usw. Zur selben Zeit erhielt ich eine Empfehlung an Messrs. Pullar in Perth, die dann die ihnen zugesandten gefärbten Seidenproben günstig beurteilten. Als die Sommerferien kamen und ich mehr Zeit zu meiner Verfügung erhielt, wurden in Gemeinschaft mit meinem Bruder Versuche in einem sehr kleinen technischen Maßstab unternommen, bei denen 1 bis 2 Unzen des Farbstoffs dargestellt wurden. Das Verfahren wurde dann am 26. August 1856 patentiert. Bei einem darauffolgenden Besuch in den Färbereiwerkstätten der Herren Pullar in Perth machte ich in Gemeinschaft mit ihnen Färbeversuche auf Baumwolle und anderen Faserstoffen. Sie waren auch so freundlich, mich zu einigen Druckereien in Mary Hill bei Glasgow zu bringen, wo Druckversuche angestellt wurden. Da die Resultate soweit befriedigend waren und das Urteil über den Farbstoff günstig ausfiel, wurde die Inangriffnahme seiner Fabrikation beschlossen. Ich kehrte daher beim Schluß der Ferien nicht mehr in das Royal College of Chemistry zurück. Ich muß gestehen, daß ich nach diesem Schritte beträchtliche Besorgnis empfand, es könne sich das Unternehmen als ein Mißerfolg erweisen, und auch der Gedanke ängstigte mich, daß die technische Arbeit meiner wissenschaftlichen Forschung ein Ende bereiten würde. Da es noch an genügender Kenntnis bezüglich der praktischen Durchführung der Fabrikationsverfahren fehlte und auch der Farbstoff selbst noch nicht völlig im Großen erprobt war, so war es nicht möglich, den Betrieb in einem sehr großen Maßstabe zu beginnen. Mein Vater hatte zu mir oder zu der Erfindung Vertrauen, fand das erforderliche Kapital und vereinigte sich mit mir und meinem Bruder zu dem Unternehmen unter der Firma „Perkin and Sons."

Nach Erwerbung des nötigen Grundstücks wurde der Bau der Fabrik gegen Ende Mai oder Anfang Juni 1857 begonnen. Da mein Vater Baumeister war, so wurden die Baulichkeiten schnell hergestellt und gegen Ende des Jahres war eine genügende Anlage betriebsfähig, um uns die Fabrikation des Farbstoffs und seine Lieferung zum Seidenfärben zu gestatten. Das war im Dezember 1857.

In einer Abhandlung von mir über die Geschichte des Alizarin findet sich der Abdruck einer flüchtigen Bleistiftskizze der Fabrik, die ich anfangs 1858 oder weniger als ein Jahr nach dem Beginn der Bauten machte[1]).

Aber noch ist vieles von den Schwierigkeiten unerwähnt geblieben, die mit der ersten technischen Herstellung des Farbstoffs verknüpft waren und die noch eine Zeitlang bis zu deren allmählicher Vollendung andauerten. Zur Zeit als wir die Fabrik in Betrieb setzten, hatte ich keine Kenntnis von chemischen Fabrikeinrichtungen mit Ausnahme dessen, was ich aus einigen Büchern lernte, und nur einmal war ich auf wenige Minuten in einer chemischen Fabrik gewesen und diese war eine Alaunfabrik. Hätte ich übrigens die gewöhnlichen, damals in Anwendung befindlichen chemischen Betriebseinrichtungen gesehen, so würde das doch für mich nur von geringem Wert gewesen sein, da die neue Industrie ihre eigenartige Betriebseinrichtung verlangte. Da die Materialien wertvoller und die Verfahren verfeinerter waren als die der chemischen Fabriken, so mußte auch notwendigerweise die Apparatur einer viel höheren Klasse angehören und sorgfältiger angefertigt sein. Und nicht nur dies, sie mußte neu ersonnen werden und man mußte den Fabrikanten praktische Anweisungen für ihre Anfertigung geben, denn es war auffallend, wie wenig einem die praktischen Leute in jenen Tagen mit eigenen Ratschlägen helfen konnten. Die durch ihre Arbeitsverzögerung verursachte Verschwendung von wertvoller Zeit und ihr mangelhaftes Verständnis für die ihnen erteilten Anweisungen waren zu Zeiten sehr entmutigend. Zum Glück hatte ich einige praktische Kenntnisse von Maschinenbau und Mechanik, und diese waren zu jener Zeit für mich unschätzbar. Glücklicherweise verfehlte auch nur sehr weniges, wenn

---
[1]) P. Journ. Soc. Arts 1879.

überhaupt etwas, von den geplanten Betriebsvorrichtungen seinen beabsichtigten Zweck.

In dem chemischen Teile mußten auch viele Schwierigkeiten überwunden werden. Die Fabrikation von Anilin, das damals nur in sehr wenigen Laboratorien angetroffen werden konnte, war keine einfache Sache. Benzol wurde nicht in großem Maßstabe dargestellt, und wenn man es erhielt, war es von sehr ungleichmäßiger Beschaffenheit, so daß es gereinigt werden mußte. Seine Überführung in Nitrobenzol bei mäßigen Herstellungskosten erwies sich ebenfalls als schwierig. Hochgradige Salpetersäure wurde nicht fabriziert außer in sehr kleinen Mengen und zu unerschwinglichen Preisen, und da wir uns auf ihre Fabrikation nicht einlassen wollten, versuchten wir ein Gemisch von Natronsalpeter und Schwefelsäure und stellten auf diesem Wege große Mengen von Nitrobenzol dar, eine Operation, die aber viel Sorgfalt verlangte. Dann boten auch die Extraktion des Farbstoffs und seine Reindarstellung viele Schwierigkeiten dar.

Blickt man auf alle diese Schwierigkeiten der Erstlingsfabrikation zurück, so erscheinen viele von ihnen im Licht der heutigen Kenntnisse als so unbedeutend, daß man sie kaum des Erwähnens wert hält. Dennoch waren sie von sehr realer Existenz zu ihrer Zeit. —

Aber die Darstellung des Farbstoffs war nicht alles, was es zu tun gab. Auch die Methoden seiner Anwendung mußten ausgearbeitet werden. In jenen Tagen waren die Färber nur an den Gebrauch von Pflanzenstoffen gewöhnt und wußten nicht, wie sie mit basischen Farbstoffen wie die „Mauve" umgehen sollten. Ich mußte bis zu einem gewissen Grad Färber und Kattundrucker werden und verbrachte viel Zeit erst in London und Macclesfield mit Seidenfärben, dann in Schottland mit Kattundrucken und darauf in Bradford, um herauszufinden, wie man halbwollene Stoffe mit der „Mauve" färben könnte, und diese Zeit konnte ich nur schwer meiner eigenen Fabrik entziehen, aber es mußte sein. —

Wahrlich dieser Farbstoff war ein Pionier und schuf klare Bahn für alle, die nach ihm kamen. Und welcher Wechsel ist in den Färbereien und Druckereien eingetreten! Statt wie früher ihre eigenen Geheimverfahren eifersüchtig zu hüten, erwarten jetzt die Leiter der Fabriken, daß beim Erscheinen eines neuen Farbstoffs ihnen die Chemiker seine Anwendung lehren werden.

Aus meinen Erinnerungen an die Entwicklung der Mannheimer Groß-Industrie.

Beitrag zum Jubiläumsgedenkblatt der Neuen Badischen Landes-Zeitung anläßlich der 300jährigen Jubiläumsfeier der Stadt Mannheim, 24. Mai 1907.

Meine frühesten Erinnerungen an unsere „Chemische Industriestadt" Mannheim gehen bis zum September 1862 zurück, bis zu meinem damaligen Besuch der chemischen Fabrik von Dr. Carl Clemm-Lennig über dem Neckar und der Anilinfabrik von Dyckerhoff, Clemm u. Co. in der „Zinkhütte" auf dem Jungbusch. Auf einer seiner oftmaligen Studienreisen in den chemischen Industriebezirken Englands hatte ich Dr. Clemm-Lennig kennen gelernt und war, gelegentlich eines Wiederbesuches meiner deutschen Heimat, seiner Einladung nach Mannheim gefolgt.

Zu jener Zeit befand sich die deutsche chemische Industrie noch in ihren auf die Darstellung weniger Produkte für den heimischen Markt beschränkten Anfängen, und nichts ließ ihren baldigen Eintritt in die Reihe der Weltindustrien voraussehen. Nur in der anorganischen Großindustrie: in den Fabrikationen der Soda, der Säuren, des Chlorkalks und der mineralischen Dünger, sowie in vereinzelten organischen Betrieben, insbesondere des Chinins, auch in der Darstellung des Ultramarins, des Alauns und anderweitiger Farbwaren- und Färbereiartikel gab es bereits größere, zu Ansehen gelangte Fabrikunternehmungen. Zu den bedeutendsten und erfolgreichsten dieser Art zählte der im Jahre 1854 durch den Zusammenschluß der Soda- und Säurefabriken von Neuschloß, Heilbronn und Wohlgelegen entstandene „Verein Chemischer Fabriken in Mannheim". Dieses noch heute in vollster Blüte stehende Unternehmen führt seinen Ursprung auf die älteste deutsche Sodafabrik zurück, die schon 1827 von Mannheimer Kapitalisten in Käferthal gegründet worden und nach kurzem Betrieb in die von der Hessischen Saline Ludwigshalle in Neuschloß bei Lampertheim 1828 errichtete Sodafabrik aufgegangen war. Der vornehmlich durch die Einführung der Fabrikationsmethode von Charles Kestner in Thaun (einem Enkel von „Werthers Lotte") herbeigeführte Erfolg der Neuschlosser Fabrik hatte dann Anfang der 50er Jahre das Entstehen der von Dr. Gustav Clemm in Heilbronn und von dessen Bruder Dr. Carl Clemm-Lennig in Wohlgelegen bei Mannheim gegründeten Sodafabriken veranlaßt. Letztere war aus der früheren Guilinischen Säurefabrik auf dem „Grohof" hervorgegangen. Nach heftigem Konkurrenzkampf hatte, wie bereits erwähnt, 1854 die Fusion der drei Sodafabriken stattgefunden. Bald darauf war Dr. Clemm-Lennig aus der Sodaindustrie ausgeschieden, um sich auf Anregung seines Freundes und früheren Lehrers Justus Liebig der Einführung der Liebig'schen Düngerlehre in die landwirtschaftliche Praxis zu widmen, und hatte 1855 jenseits der Neckarbrücke die erste chemische Düngerfabrik in Südwestdeutschland errichtet. Hier erhielt ich nun meinen ersten nachhaltigen Eindruck von der chemischen Industriestadt Mannheim. Nach der Durchwanderung der Fabrikanlagen, in denen außer Superphosphat auch andere chemische Produkte, unter andern Sublimat, in großen Mengen dargestellt wurden, führte mich mein Gastfreund in die Anilinfabrik seiner Neffen Dr. Carl und August Clemm. Es ist mir noch in lebhafter Erinnerung geblieben, daß auf unserem Wege Dr. Clemm-Lennig seine schweren Bedenken gegen die Lebensfähigkeit des jungen Unternehmens äußerte. Auch er gehörte zu den vielen sonst weitblickenden Industriellen, die damals und noch viel später in den neuentdeckten Teerfarbstoffen nur vereinzelte Goldfunde und nicht die Vorboten unerschöpflicher Erzgänge zu erkennen vermochten.

Die Anilinfabrik, eine der ältesten ihrer Art in Deutschland, war von dem tatkräftigen und unternehmungslustigen Friedrich Engelhorn, dem damaligen Pächter der städtischen

Gasanstalt auf dem Jungbusch, im Verein mit seinem Mitpächter Friedrich Sonntag aus Karlsruhe, dem Mannheimer Kaufmann Otto Dykerhoff und dem technischen Chemiker Dr. Carl Clemm aus Gießen am 2. Juni 1861 gegründet und auf dem der Gasanstalt benachbarten Terrain und in den Räumen der früheren „Zinkhütte" in Betrieb gesetzt worden. Diese Zinkhütte wurde Anfang der 50er Jahre von den Mannheimer Kaufleuten Gebrüder Anton und Philipp Reinhardt zur Verhüttung der in ihrem Wieslocher Bergbau gewonnenen Zinkerze erbaut, war aber von ihrer Geschäftsnachfolgerin „der Badischen Zinkgesellschaft" infolge des verlustbringenden Betriebs schon 1857 wieder geschlossen und dann veräußert worden. Bei meinem Besuch fand ich die Fabrik unter der technischen Leitung der Brüder Dr. Carl und August Clemm in schwunghaftem Betrieb. Es wurde, so sagte man mir, bereits die für die damalige Zeit sehr erhebliche Menge von 10 Zentner des kostbaren Anilinöls wöchentlich hergestellt und auf rote und violette Farbstoffe verarbeitet.

Ein Blick in die Gasanstalt und den Engelhornschen Familienkreis — die frohe Mädchenschar strahlte in den neuesten Anilinfarben —, ein Gang durch die spärlich erleuchteten Straßen der quadratischen, schweigenden Stadt, ein Besuch des altberühmten Hof- und Nationaltheaters und schließlich ein kollegialisches Zusammensein mit den neuen Mannheimer Freunden im gastlichen „Pfälzer Hof" beschloß den für mich denkwürdig gebliebenen Tag meines ersten Besuchs in Mannheim. In der durch keinen Großstadtlärm gestörten Nachtruhe ließ ich mir aber damals nicht träumen, daß nach wenigen Jahren Mannheim meine bleibende Heimat und die Anilinfabrik meine langjährige Arbeitsstätte werden würde.

Bei meiner Wiederkehr 1867 hatte die Stadt ihre freundliche altväterische Physiognomie bewahrt. Noch immer dieselben schnurgeraden stillen Straßen, die öden grasbewachsenen Plätze, altmodische niedere Häuser mit vergitterten Kontorfenstern, der alte Rheinhafen, die Schiffbrücke, der Stadtgraben, die Mühlengärten. In der Mannheimer chemischen Industrie waren aber inzwischen bedeutsame Wandlungen eingetreten. Dr. C. Clemm-Lennig hatte sich nach Heidelberg in das Privatleben zurückgezogen, die Fabrik über dem Neckar trug jetzt den Namen seines Neffen: Georg Carl Zimmer. Die Teerfarbenindustrie war in ihrer unaufhaltsamen Entwicklung fortgeschritten und durch eine Verkettung glücklicher Umstände von ihren Geburtsstätten England und Frankreich allmählich zu uns nach Deutschland gewandert. Da waren denn auch der seit 1863 in die Firma „Sonntag, Engelhorn u. Clemm" umgewandelten Anilinfabrik die alten Räume der „Zinkhütte" zu eng und der unbeschränkte Bezug ihrer anorganischen Hilfsmaterialien zur Lebensfrage geworden. Die zu diesem Zwecke mit dem „Verein Chemischer Fabriken" angeknüpften Fusionsverhandlungen waren aber vornehmlich an dessen Mißtrauen in den dauernden Fortbestand der Teerfarbenindustrie gescheitert. Die Anilinfabrik hatte sich daher zu der Errichtung einer eigenen Soda- und Säurefabrik genötigt gesehen und hierzu die Gründung einer Gesellschaft unter der Firma „Badische Anilin- und Sodafabrik in Mannheim" angebahnt. Als aber dem Erwerb eines geeigneten Geländes auf den städtischen „großen Neuwiesen" in letzter Stunde die Genehmigung des großen Bürgerausschusses versagt worden war, hatte sich im Mai 1865 die Teerfarbenindustrie eine neue Heimstätte am Rhein, in der Nachbarstadt Ludwigshafen gründen müssen. Nur wenige Fabrikationsbetriebe waren in den aufs neue verödeten Werkstätten der alten Zinkhütte auf dem Jungbusch zurückgeblieben. 1868 nahm ich meinen bleibenden Wohnsitz in Mannheim. Während eines fast 40 jährigen Zeitraumes war es mir nun vergönnt, die Entwicklung unserer Stadt zu einem Industrie- und Handelszentrum von Stufe zu Stufe als Augenzeuge mitzuerleben. In diesen Zeitraum fällt die Wiedererstehung des Deutschen Reiches, das Wiedererwachen des alten deutschen Gewerbefleißes und Handelgeistes. Wie nie zuvor durchdringen sich in dieser glänzenden Periode des „naturwissenschaftlichen Zeitalters" deutsche Wissenschaft und Technik, und aus ihren vereinten Forschungen und Erfindungen geht die deutsche Weltindustrie hervor. Und aus diesem wunderbaren Aufschwung hat die seitdem durch die Gemeinsamkeit ihrer Ziele und Interessen zu einem untrennbaren Ganzen gewordene chemische Industrie von Mannhiem-Ludwigshafen in erster Reihe tätigen Anteil genommen. Die glänzende Entwicklung der Teerfarbenindustrie, von den ersten Anilinfarben an bis zu den Synthesen der natürlichen Farbstoffe, Alizarin und Indigo, hat eine belebende Rückwirkung auf die anorganische Großindustrie der Soda, des kaustischen Natrons, der Schwefelsäure, des Chlors, der Salpetersäure ausgeübt, hat neue Industriezweige auf den Gebieten der synthetischen Heilmittel, der pharmazeutischen, photographischen und Färbereiprodukte, der Teer- und Holzdestillate, der Desinfektions- und Sprengstoffe in das Leben gerufen. Zellstoff- und Zelluloidfabriken sind entstanden, während die älteren organischen Betriebe des Chinins, der Alkoholpräparate, des Glyzerins, des Hart- und Weichgummi sich stetig erweitert oder wie die Seifen-, Fett- und Harzindustrie aus handwerksmäßigen Anfängen zu chemischen Fabrikationen sich entwickelt haben. Bis in fast alle Werkstätten des Groß- und Kleingewerbes ist der Industriefortschritt fördernd und umgestaltend eingedrungen. Dadurch sind auch dem Apparate- und Maschinenbau, dem Baugewerbe, der Tonwaren und Metallindustrie, der Eisengießerei sowie vielen andern mitwirkenden Faktoren neue Aufgaben gestellt worden. Die einzelnen Momente dieser mächtigen Bewegung und ihre leuchtenden Reflexe in meinen eigenen Lebenserinnerungen sind zu zahlreich und vielgestaltig gewesen, um mir an dieser Stelle ihre auch nur flüchtige Schilderung zu gestatten; für ihre Gesamtwirkung sprechen aber steinerne Zeugen, die in die Lüfte ragenden Kamine der großen, weltberühmten chemischen Fabriken, die von der Rheinau bis zu dem Waldhof und hinüber über den Neckar und Rhein unser Mannheim in einem weiten, duftenden Kranz umziehen. Auf einer Wanderung durch die Hafenanlagen und Werfthallen der großen „Handelsstadt" Mannheim enthüllt sich uns ferner die naturgemäße Wirkung des Güteraustausches einer chemischen Weltinduftrie auf das Emporblühen von Handel, Schiffahrt und Verkehr.

Und wenn das zu einer fchönen, modernen Großftadt gewordene Mannheim fich allabendlich in ein ftrahlendes Lichtgewand kleidet und in Flammenzeichen weithin verkündet, daß es hoffnungsfroh in ein neues Jahrhundert feines Beftehens eingetreten ift und auch als „Kunftftadt Mannheim" feine Wiederauferftehung feiert, fo darf die chemifche Induftrie auch hierin eine Wirkung ihrer mit Erfolg gefegneten Arbeit erkennen und es fich freudig eingeftehen, daß fie an der Zunahme des Wohlftandes, an der Verbefferung und Verfchönerung der ftädtifchen und häuslichen Lebensverhältniffe und damit auch an den materiellen Vorbedingungen für die Pflege idealer Güter ihr redlich Teil mitgewirkt hat.

Die Induftrie ift fich indeffen wohl bewußt, daß fich jeder kulturelle Fortfchritt in periodifcher Wellenbewegung vollzieht, Berg folgt auf Tal, Tal auf Berg. Ift fie, fo fragt fich die deutfche chemifche Induftrie, bereits auf ihrer Wellenhöhe angelangt? Droht ihr ein baldiger Niedergang? Diefe Fragen hat fich, wie wir gefehen, insbefondere die deutfche Teerfarbeninduftrie fchon früher oftmals geftellt, und ftets widerfprach ihr fteigender Erfolg der Prophezeiung ängftlicher Gemüter. Dennoch läßt fich nicht verkennen, daß die deutfchen Produktions- und Abfatzbedingungen fich allmählich nach manchen Richtungen hin bedenklicher geftaltet haben. Wir find zu Lehrmeiftern des auf unfere Erfolge neidifchen Auslandes geworden. Mit Güte oder Zwang auf dem Wege der Patent- und Zollgefetzgebung fucht es namentlich unfere Teerfarbeninduftrie in ihrer heimifchen Weiterentwicklung zu hemmen und an fich zu ziehen. Dabei ift die Belaftung unferer Produktion durch Zölle, Steuern und die Fürforge für das Arbeiterwohl bis an die Grenzen unferer Konkurrenzfähigkeit im Weltmarkt geftiegen, während uns der Bezug wichtigfter Rohprodukte und die Befriedigung unferes zunehmenden Energiebedarfs an Steinkohle und menfchlicher Arbeitskraft infolge gefteigerter Nachfrage, zum Teil auch durch Koalitionen, anhaltend erfchwert und verteuert worden ist. Auch ist bereits mit der Auffindung elektrolytischer Verfahren ein Zug in der chemischen Industrie nach den Energiequellen der großen Wasserkräfte des Auslandes eingetreten. Dennoch dürfen solche Bedenken uns den Blick in die Zukunft nicht trüben. Unerschöpflich ist und bleibt die deutsche chemische Industrie in der Hervorbringung neuer wirtschaftlicher Werte, in der Verbesserung ihrer Fabrikationsmethoden, in dem Aufsuchen neuer Absatzwege. Zu Kampf und Abwehr ist sie gerüstet. In ihr waltet der deutsche Erfindungsgeist, das planvolle Zusammenwirken ihrer geschulten Kräfte, die nationale Begabung. Deutsche Wissenschaft und Technik haben ihr bei uns eine dauernde Heimstätte gegründet. Wünschen wir nur, daß äußerer und innerer Friede uns erhalten bleibe! Dann wird auch in dem vierten Jahrhundert seines Bestehens unser Mannheim den ruhmvoll errungenen Namen einer „chemischen Industriestadt" in Glanz und Ehren sich bewahren!

Zum goldenen Doktor-Jubiläum Adolf v. Baeyers.

Vor 50 Jahren wurde unfer hochgefeiertes Ehrenmitglied Adolf von Baeyer von der Philofophifchen Fakultät der Friedrich-Wilhelm-Univerfität zu Berlin zum Doktor promoviert. Seine Inauguraldiffertation datierte vom 4. Mai 1858 und trug den feither klaffifch gewordenen Titel: „De arsenici cum methylo conjunctionibus". Als erfte felbftändig geplante und ausgeführte Arbeit des jugendlichen Doktoranden eröffnete fie die Reihe jener epochemachenden Forfchungen und Entdeckungen, die, in unabläffiger Folge aus der Werkftatt feines Geiftes hervorgehend, während eines halben Jahrhunderts dem Namen Adolf von Baeyer einen hellen Klang in aller Welt und auf alle Zeiten hinaus verliehen haben. Denn diefe gewaltige Lebensarbeit erweiterte nach vielen und neuen Richtungen hin die Grenzen menfchlicher Erkenntnis und trug taufendfältige Frucht in der chemifchen Wiffenfchaft und Induftrie. Mit Recht gilt die Doktorpromotion als der erfte bedeutungsvolle Schritt in der Laufbahn des Gelehrten. Ift fie doch die öffentliche und feierliche Verkündung feiner Aufnahme in die Geiftes- und Arbeitsgemeinfchaft derer, die in den Dienft der Wiffenfchaft getreten find. Und fchön ift der altehrwürdige Brauch, nach 25 und abermals 25 Jahren die Erinnerung an jenen weihevollen Schritt wieder wach zu rufen. Dann wetteifern ältere mit jüngeren Generationen von Freunden, Schülern, Mitarbeitern und Kollegen, dem allverehrten Meifter Huldigung, Dank und Glückwunfch darzubringen.

Doch nur wenigen, fehr wenigen wird des Schickfals Gunft zu teil, ihr filbernes und goldenes Doktorjubiläum in voller Schaffenskraft und Arbeitsfreude zu erleben. Unferm Adolf von Baeyer ward diefes feltene Glück befchieden! Noch leuchten hell die Strahlen seines Geistes, noch kündet keine Abendröte des herrlichen Lebens Sonnenuntergang.

Und wenn wir nun die fünf Jahrzehnte dieser reich begnadeten Gelehrtenlaufbahn an uns vorüberziehen lassen, hineinblicken in die von ihm gegründeten Laboratorien und Hörsäle der einstigen Berliner Gewerbeakademie und der Hochschulen von Straßburg und München, wenn wir ehrfurchtsvoll seine „Gesammelten Werke" — die schönste Festesgabe seiner siebzigsten Geburtstagsfeier im Jahre 1905[1]) — und seine späteren Abhandlungen zur Hand nehmen und, staunend über die Fülle und Vielseitigkeit der darin niedergelegten Arbeiten und Gedanken, es versuchen, den Wegen nachzugehen, die den großen Pfadfinder und Denker zu seinen kostbaren Funden und zur Erkenntnis der darin sich offenbarenden Naturgesetze geleitet haben, so erhalten wir dann erst einen vollen und einheitlichen Eindruck von der Größe und der Eigenart seines Wesens. Wir sehen, wie er seit seinem ersten Schritte auf der wissenschaftlichen Laufbahn den Idealen seiner Jugend und sich selber treu geblieben ist.

Wohin ihn auch die Schwingen seines Geistes trugen, bald hinauf zu den Höhen der Theorie, bald hinab in die Werkstätten der Technik, mit gleichem Eifer erforschend die abstraktesten Probleme der reinen Chemie und die verlockenderen Blüten und Früchte auf dem Farbstoffgebiet — von den Phthaleinen und Nitrosokörpern an bis zur Enträtselung und Synthese des Indigo, seinem weltbekannt gewordenen Meisterwerk, und weiter bis zu den farbigen Derivaten des Triphenylmethans — überall finden wir ihn im Dienste der Wissenschaft, beseelt von dem selbstlos sich hingebenden Drang des echten Forschers: die Wahrheit zu suchen um der Wahrheit willen. Jeder neuen Frage geht er bis auf den Grund, er wird darin zum Spezialist — aber er bleibt es nicht; er fördert wirtschaftliche Schätze an das Licht — aber ihn reizt nur ihr wissenschaftlicher Kern. Ist die Ernte getan, so schlägt er neue Bahnen ein und das von ihm er-

---

[1]) Zeitschr. f. angew. Ch. 1617, 1729 (1905).

schlossene Forschungsgebiet verbleibt fortan für Wissenschaft und Technik ein neu gewonnener, fruchttragender Besitz. So ist ihm die Wissenschaft in ihrer Gesamtheit — die reine und die angewandte Chemie — Zeit seines Lebens „die hohe, die himmlische Göttin" geblieben, die sich schon dem jungen Doktoranden einst offenbarte und deren Hohepriester er geworden war. Auf ihr Geheiß verkündete er ihre Lehre der von Jahr zu Jahr anwachsenden Gemeinde seiner begeisterten Schüler. Und aus dieser Gemeinde ist im Laufe der fünf Jahrzehnte die „Baeyersche Schule" hervorgegangen, die, zahlreicher und weiter verzweigt als jede andere seit seines großen Vorgängers Justus Liebigs Zeiten, im Geist ihres Stifters forscht und lehrt und zu Ehr und Preis des deutschen Namens einer der stärksten Grundpfeiler unserer deutschen chemischen Wissenschaft und Industrie geworden ist.

Möge hier eine Erinnerung an Baeyers silberne Jubiläumsfeier am 12. Mai 1883 gestattet sein.

In einem geistvollen, von Wilhelm Königs gedichteten Festspiel erschienen in dichterischem Gewande die glänzenden Namenreihen der von Baeyer entdeckten und erforschten Verbindungen. Sie alle hatten ihn einst zu fesseln vermocht, jede beanspruchte des Meisters ungeteilte Gunst. Ihrer Wortführerin, der „Fee Indigofera", rief aber der Dichter zu:

„Ihr alle seid ja nur ein Teil
Von einem großen Ganzen, das zum Heil
Der Mit- und Nachwelt einzig er erstrebt;
Nur Mittel seid Ihr ihm zum Zweck!
Die Wissenschaft in ihrer hehren Größe,
Sie ist's allein, der er sich ganz ergeben,
Und ihrer Gunst nur galt sein ganzes Streben.
Ihr war't nur Stützen ihm auf seinem Pfad,
Auf welchem ehrfurchtsvoll er sich genaht
Der Göttlichen!"

In solcher treffenden Weise würdigte schon vor 25 Jahren die „Baeyersche Schule" ihres gefeierten Meisters hohe, wissen-

[chaftliche Miffion. Mögen darum ihre Worte auch nach abermals 25 Jahren zum goldenen Doktorjubiläum von Adolf von Baeyer als Feftesgruß hier wieder erklingen!

Fragen wir nun, worin die glänzenden Lehr- und Forfchungserfolge unferes Meifters und fein wunderbar erzieherifcher Einfluß auf die Geiftes- und Herzensbildung feiner Schüler begründet gewefen find, fo richtet fich unfer Blick auf die Eigenart feiner Denk- und Arbeitsweife, die fchon in den frühen chemifchen Neigungen feiner Knabenzeit zutage trat. Doch laffen wir ihn darüber felber fprechen.

In feinen „Lebenserinnerungen"[1]) erzählt Baeyer, wie er in Heidelberg, 21 Jahre alt, im dritten chemifchen Semefter durch feinen Lehrer Kekulé in deffen neues theoretifches Lehrgebäude — die fpätere Strukturchemie — eingeführt worden fei, und fährt dann fort:

„Ich hatte kein Intereffe daran, die Lehren meines Meifters auf ihre Richtigkeit zu prüfen, fondern vergrub mich in Erinnerung an die feligen Stunden meiner Knabenzeit in abgelegene Gebiete, die ich nach Art der alten Empiriker, aber ausgerüftet mit modernen Waffen, durchftreifte. So wurde ich zu dem, was ich heute noch bin."

Diefe Schilderung feines Werdeganges hat Baeyer bei der Feier feines fiebzigften Geburtstages[2]) dahin ergänzt und erläutert, daß die „alten Empiriker" der Natur ohne eine vorgefaßte Idee gegenüber getreten feien, fich der Natur genähert, „ihr Ohr an fie gelegt" und ihr Walten andächtig belaufcht hätten. Desgleichen täten die modernen Naturforfcher und auch er habe es verfucht.

Das Naturempfinden der alten Meifter, denen wir ja die Grundlagen unferes chemifchen Wiffens verdanken, ift alfo auch Baeyers Erbteil geworden und aus feinen Worten fcheint uns der Mahnruf entgegenzuklingen: Verachtet mir die Meifter

---

[1]) A. v. Baeyer, Gefammelte Werke, I. S. 15.
[2]) Vgl. Zeitfchr. f. angew. Ch. 1620 (1905).

nicht und ehrt mir ihre Kunst! In seinem für die Wahrheit
empfänglichen und fein besaiteten Gemüt fand — wie bei allen
großen Naturen — das Walten der ewigen Gesetze seinen gleichgestimmten Widerhall, er lauschte den innern Klängen, er folgte
ihnen, sie führten ihn im Fluge zum entscheidenden chemischen
Versuch. Und dann trat auch bald das systematisch-sprunghafte
„Probieren" der empirischen Forschung, aber geläutert und
verschärft durch die Hilfsmittel der modernen synthetischen
Methoden, in seine altbewährten Rechte ein, die Phantasie schlug
ihre kühnen Brücken vom Nächsten hinüberleitend in die
Ferne und unbekümmert, ob sie regelrecht und fest gezimmert
seien, und vor den Augen des unfehlbaren Beobachters und in
den Händen des seiner Kunst gewissen Experimentators gewannen die von ihm befragten chemischen Körper lebende Form
und Sprache und raunten ihm zu, wie er sie behandeln solle, auf
daß sie ihm Red' und Antwort stehen könnten. So blieb unser
Adolf von Baeyer der Denk- und Arbeitsweise seiner Jugend
treu. Nach Art der alten Empiriker, aber ausgerüstet mit modernen Waffen, durchstreifte er abgelegene Gebiete und fand
und bahnte dort Wege, die vordem kein menschlicher Fuß betreten hatte.

Der wunderbar erzieherische Einfluß des Meisters, der seinen
Ausdruck in der „Baeyerschen Schule" fand, ist aber darauf
zurückzuführen, daß er seinen Schülern jederzeit mit eigener
Tat und eigenem Beispiel voranleuchtete und ihnen nicht nur
als großer akademischer Lehrer, sondern viel mehr noch als ihr
väterlicher, treuer Freund und weiser Berater den eigenen vor-
nehmen Sinn, das eigene warme Naturempfinden, die eigenen
wissenschaftlichen Ideale in die jungen Herzen senkte. Da mußten dem geliebten Meister auch Aller Herzen begeistert entgegen-
fliegen. Da mußte eine Saat aufgehen, die bis in die fernsten
Zeiten von „Baeyer und seiner Schule" ruhmreiche Kunde
geben wird.

* * *

Dieser flüchtige Blick auf die fünfzigjährige wissenschaftliche
Vergangenheit von Adolf von Baeyer hat uns gezeigt, wie

glücklich wir uns preisen müssen, ihn, den allverehrten Großmeister der deutschen chemischen Wissenschaft, den uns'rigen nennen zu dürfen. Freudig bewegt begrüßen wir die Wiederkehr des Tages, an dem vor einem halben Jahrhundert die edle Laufbahn begann, aus der solche fort und fort sich erneuernden Segnungen für die deutsche chemische Wissenschaft und Industrie, solcher Ruhmesglanz des Namens „Deutscher Chemiker" hervorgegangen sind.

In tiefster Dankbarkeit bringt der Verein deutscher Chemiker seinem unsterblichen Ehrenmitgliede Adolf von Baeyer seinen ehrfurchtsvollsten Glückwunsch zum
           Goldenen Doktorjubiläum
dar!

Dankschreiben Adolf von Baeyers an H. C.

München, 10. Mai 1908.

Lieber Herr Hofrat!

Für Ihren freundlichen Glückwunsch und den Aufsatz in der Zeitschrift herzlichen Dank. Die freundschaftliche und wohlwollende Gesinnung, welche Ihre Feder geführt hat, hat mich erfreut, aber auch etwas wehmütig gestimmt, indem sie mich an die schöne Zeit erinnerte, in der wir zusammen arbeiteten.

Abgesehen von dieser Abendstimmung geht es mir und den Meinigen gut, hoffentlich ist dies auch bei Ihnen der Fall.

Mit herzlichen Grüßen

Ihr getreuer

Adolf Baeyer.

MIX
Papier aus verantwortungsvollen Quellen
Paper from responsible sources
FSC® C105338

If you have any concerns about our products,
you can contact us on
ProductSafety@springernature.com

In case Publisher is established outside the EU,
the EU authorized representative is:
**Springer Nature Customer Service Center GmbH
Europaplatz 3, 69115 Heidelberg, Germany**

Printed by Libri Plureos GmbH
in Hamburg, Germany